KUWEI

酷威文化

图书 影视

FIRE

通往财务自由之路

〔美〕斯科特·里肯斯———

———著

侯永山———

译

Playing with FIRE:
How Far Would You Go For Financial Freedom?

四川文艺出版社

目 录
Contents

序　言

现代生活比以往任何时候都更加丰富多彩。在世界历史的大部分时间里，汽车变得更快，电视更大了，食品也更加便宜（以占平均收入的比例为参照）。那么，为什么实现收支平衡如此困难呢？

原因是，在我们和我们追求的真正目标——幸福、充实的生活之间有一个巨大的、被精心设计的、光彩夺目的营销陷阱，它让大多数人陷入忙碌、昂贵、紧张、混乱的生活。这个陷阱有时被称为"消费主义"，它是如此普遍且具有欺骗性，大多数人却只把它称为"现实"。

在美国这样的富裕国家，几乎每一个人都生活在"消费主义"陷阱之中。我们把大部分闲暇时间花在赚钱上，想方设法地去从事一份高薪工作，然后，用大部分钱来买我们能买得起的最昂贵的东西，在多数情况下，甚至借钱买或租赁这些东西，只要有机会，我们就会升级使用的奢侈品的档次。

当资金短缺的情况发生时，我们以为只需要赚更多的钱就能渡过难关。更糟的是当没有足够时间去赚钱时，我们只能勒紧裤腰带，用生活中一些美好的东西来奖赏自己。想着这么努力，我们至少应该得到一些奖励吧。

不要这样做了，这是个陷阱。一切都是陷阱！

当你周围的人都深陷其中的时候，你怎么能停下来呢？如果你不做他们正在做的事情，他们会质问甚至会批评你！

如果你的配偶拒绝放弃他那辆舒适宽敞的 SUV 或者她精心设计的职业服装衣柜，而这意味着让你一生的大部分时间都在负债中度过，你该怎么办呢？

经过一个多世纪的营销，这个陷阱早已为我们设计好了，它最大的力量来自我们内在的人性弱点。我们倾向于和周围的人比较，并理所当然地认为我们在同龄人身上看到的一切情况都是正常的，值得效仿。

这绝对不值得效仿。事实上，它已被证明是导致失败的原因，这解释了为什么四十岁左右的美国人在经过平均二十年的工作以后名下只有几千美元。获得金钱和自由就像获得生活中的其他技能一样，为了比你的同龄人更成功，你所做的事情要与他们不一样。我碰巧生来就很节俭，我想用自己的钱换取更多的乐趣。我自然没有本能地去仿效其他人用他们的钱在做什么。幸运的是，我的合伙人跟我志趣相投，我早期的理财生活就是与他一起度过的。在短暂的职业生涯之后，我们顺利地在三十岁左右退休。

但大多数人要面临更加艰难的过程。他们也许在高支出和高负债的情形下开始生活，长大后自然而然形成一种更有活力的消费观：花光手头所有的钱。他们可能与有同样消费观的人结婚。一旦陷入这样的生活方式，想要爬出来是很困难的。

这就是本书中有关斯科特和泰勒的故事对我很有意义的原因，他们分享了他们跨越人生的巨大鸿沟的旅程。我想很多人都会遇到他们所经历的困难，但令人惊讶的是，他们不仅克服了一个又一个困难，继续前进，而且找到了处理分歧的方法。他们的婚姻至今牢不可破，情谊毫发无损。

像劳改犯一样，他们经历了几十年的强制性劳动以后，从另一头走了出来。他们也曾极力想改变现状。坦率地说，在故事的开头，我从来没有想到这样的事会发生在斯科特描述的那种家庭身上。

在目睹他们的成功后，我现在有了更高的目标，希望世界上更多的人能从经济独立的生活中获得更多的好处。我想，当你读这本书的时候，你的心中也会燃起同样的希望，你的人生观也会随之改变。

——皮特·阿登尼，又名钱胡子先生

FIRE 简介

　　追求幸福和有意义的生活并不是什么新鲜事。苏格拉底告诉我们："快乐的秘密并不在于寻求更多想要的，而在于培养清心寡欲的能力。"依照亚里士多德的观点，"幸福取决于我们自己"，而不是取决于我们所戴手表的品牌或者我们去过多少个国家。

　　一项研究报告也表明："让人们一生幸福的东西是良好的人际关系，而不是金钱或名誉。"

　　这些说法早已有之。如果我说拥有一所好房子未必让你幸福，你很可能会毫不犹豫地点头同意。然而，我们中的许多人仍然生活在过度工作和过度消费的怪圈中，他们追求即时满足，而不是寻求更深层次、更持久的满足感。

　　我也犯过类似的错误。我和我妻子泰勒牺牲了二人世界的宁静时光，牺牲了和孩子玩耍的时间，牺牲了有意义的人际关系，只是为了更加努力地工作以获取更多的物质财富。

我们清楚地知道豪华轿车和美味晚餐并不等于幸福，但这并没有让我们放弃对物质财富的追求。

后来，我三十三岁时，有人向我推荐了一个被称为"FIRE[①]"的有趣生活现象，即"财务自由，提前退休"。

FIRE 是一个日益扩大的社区。在这个社区里有形形色色的人，他们的收入水平各不相同，但大家都致力于积极的生活储蓄和低成本的投资，以此来控制自己的财务状况，并回购他们最珍贵的资源——时间。这样做的最终目标是实现 FIRE，即拥有足够的额外收入，不需要靠工作来支付生活费用。

有很多人实现了 FIRE，却因割舍不下老本行而选择继续工作。但更多的人或去环游世界，或开办非营利组织，或参与具有创造性的项目，或是追求简单的生活方式。事实上，尽管该项运动中包含有"提前退休"的字眼，但我发现社区里的人往往拒绝"退休"这个词及其引申含义。财务自由往往意味着拥有追求自己真正使命的自由性和灵活性，无论它是否能够赚钱。FIRE 能让你在有生之年做一些更宝贵的事情，而不是人坐在办公桌前，思绪却飞到别处，一分一秒地盼着下午五点下班时间的到来。

在写这本书的过程中，我逐渐把 FIRE 看作调节"乏味

[①] FIRE 即 financial independence and retire early 的缩写，意即"财务自由，提前退休"。

日常工作"的灵丹妙药。也许你喜爱自己的工作，也许你不喜爱。即使是后者也无妨，你并不孤单，有一半的美国人对自己的工作不满意。但是不管我们如何看待自己的工作，往往都会觉得，自己除了继续工作别无选择（我知道我就是这样）。

如果你财务自由，你就可以随时离职。即使你在工作中很有成就感，你也许仍然愿意拥有想走就走的自由。如果你依赖于你的薪水，那么你很有可能要在生活的某些方面做出妥协，因为放弃工作意味着面临经济上的不确定。但如果你不依赖薪水会怎么样呢？你会选择做什么呢？总之，FIRE 能给你提供这种自由。

听起来很不错，对吧？你如何能拥有无忧无虑的生活呢？那就少花钱，多存钱，然后投资吧。一般来说，通向FIRE 的方法是把你收入的 50% 到 70% 存起来。投资低收费股指基金，然后在大约十年后退休。当然，实际的额度因人而异，我在本书中已经给出了关键的方程式和 FIRE 的公式，你可以把你的数字代入这些公式来确定 FIRE 是否真的适合你。

总之，"少花钱"是这个公式最关键、最困难的部分。这种由 FIRE 社区演变而来的创造性的、新颖独特的生活方式令人赞叹不已。我不想在我的生活中逐一尝试其中的每个策略，因为 FIRE 是有弹性的。你可以亲身尝试一下。如果你愿意，你可以"先尝后买"。

常见的 FIRE 实践包括与室友同住或搬到消费低廉的地区，在家做饭吃，用现金买一辆二手车，一家人共用一辆车或者干脆不开车，批量购买食品，提前做好预算，不买奢侈品，如高档钱包、鞋子、手表、电子产品、珠宝饰物和家具。更极端的 FIRE 体验者可能会住在房车或拖车里，自己种植作物，有时几年不去购物，气温在零度以下也骑车去上班，甚至背井离乡去国外寻求一种较低成本的生活方式。

在 2017 年初了解到 FIRE 时，毫无疑问，我并不会一下子就选择接受这种生活方式。吃一顿饭花费 300 美元，周末和朋友一起飞往拉斯维加斯打高尔夫球，或者租一辆新车——这些，我连眼都不会眨一下。我想说的是，我对那些选择这样极端生活方式的人羡慕不已。这都需要什么样的担当啊？放弃"正常"的中产阶级的生活方式是什么感觉呢？在日常生活中，我接触到的奢侈品比那些人更多，可我为什么不快乐，而他们却显得很快乐呢？

需要多少钱才能快乐？

发表在《自然》杂志上的研究表明，个人感到快乐所需的收入水平有一个临界点。在 164 个国家和地区调查了 170 多万人之后，研究人员得出了这样一个结论：令一个人感到幸福的理想年收入是 6 万到 7.5 万美元（约合 42 万到 53 万人民币）。这意味着年收入超过 7.5 万美元，可能会让你一时高兴，但实际上不会增加你的生活幸福度。

我对 FIRE 运动的热情日益高涨，一方面是因为我对它很感兴趣，另一方面是它对我情感上的影响。很多支持者称它"改变了生活"，是"幸福的关键"。反对者则对节俭的生活可以让人感到富足的说法嗤之以鼻，并进一步指出，四十多岁退休肯定会让人感到很无聊。

我一直都很喜欢我的工作。我把工作看作支撑我创作的工具，因此无聊与我并不沾边，但节俭却让我感到害怕。当时，我和泰勒认为我们的生活方式相当普通，虽然现在的我认为那很奢侈。在当时，把我们的生活开支削减一半似乎是不可能的。我们那时过着每年花费六位数的生活，这是很难转变的。那时候，我觉得买的大部分是"需要"而不是"想要"的东西。当采用 FIRE 模式的时候，我们挣扎、斗争、犯错误，偶尔还想要认输，想要回到过去的生活方式。

经过几个月的大幅削减开支，我们转向了更简单、更低成本的生活方式。我再接再厉，想继续学习 FIRE 的技巧和理念，也想更多地了解 FIRE 社区，想知道该理念是如何改变世界各地的人的生活方式的。

我当过十年的电影导演和制片人，有一天我突发奇想，我要写一本书并拍一部关于 FIRE 的纪录片，这是更好地融入这种新型生活方式的好办法！我要利用自己熟悉的平台来学习全新的东西。通过记录 FIRE 技巧以及我们在生活中的体验，表明了我们对 FIRE 这种生活方式的支持与赞美。就这样，新书问世了，纪录片也于 2019 年上映。在写本书和创作纪录片的时候，我还不知道这次尝试的结果会怎样。我们会失败吗？这会是个错误吗？会有读者或观众吗？这些我都不清楚，我只知道 FIRE 的理念改善了我的生活。我想与更多的人分享该理念，希望他们的生活也能得到改善。

FIRE 只适合富人吗？

在过去的一年里，我一次又一次地被问到这个问题：FIRE 只适合富人吗？这是一个有点复杂的问题，我能与大家分享的只有我的体验。我已经和成千上万的 FIRE 追求者建立了联系，其中不乏年收入 20 万美元的工程师，也有全家年收入只有 7 万美元的家庭。我与独居者聊过，也和有四五个孩子的家庭谈过；我见过年薪 3.5 万美元的咖啡师，也见过一年赚 40 万美元的股票经纪人；我见过没有高中毕业的人，也见过拥有博士学位的人。我见过住在纽约和洛杉矶这样大城市的人，也见过住在肯塔基州和爱荷华州农村地区的人。我还见过生活在印度尼西亚、法国、瑞典、爱尔兰和墨西哥的人。

这并不是说这个问题提得不妥。如果你的工资高于平均水平，那么实现FIRE要更容易些。对大多数千禧一代[①]来说，积累巨额财富让人觉得遥不可及，尤其那些在2008年经济衰退期间从大学毕业的人，当时学生债务创历史新高，但FIRE的原则适用于任何收入水平。

在五年、十年，甚至三十年后达到FIRE对你都有好处，每个人都可以少花钱、多存钱，把快乐置于物质之上，节约时间。无论你是谁，无论你拥有什么，无论你挣多少钱，你都应该得到心灵上的宁静，FIRE就是通向心灵宁静之路。在本书中有形形色色背景和经济状况的人，他们都在追求FIRE。我希望你能从类似境遇的人身上得到启发。

如果你和我一样，第一个冲动就是对FIRE不屑一顾，把FIRE的践行者看作一群住在狭小房子里的吝啬的怪人，那就让我给你看一组数字吧。2016年，一份调查报告显示，69%的美国人的储蓄额低于1000美元，而34%的美国人则根本没

---

① 千禧一代通常是指在跨入21世纪（即2000年）以后达到成年年龄的一代人。这一代人通常以更频繁使用和熟悉通信、多媒体和数字技术为标志。

有储蓄。2017 年，美国消费债务创纪录地达到了近 13 万亿美元，同时，家庭储蓄却创十二年来新低。谁也不想在经济高压下生活，但许多人确实这样生活着，我也不例外。我们家的财务状况确实明显好于大多数人。2016 年，我和泰勒赚了 18.6 万美元（税后 14.2 万美元）；但也是在 2016 年，我们刚刚还清了最后一笔 3.5 万美元的学生贷款。尽管我们的收入高于平均水平，我和泰勒还是几乎花光了我们拥有的每一分钱。

如果你和大多数人一样，那么你肯定不想公开讨论你的收入、净资产以及债务水平。几年前，美国富国银行的一项调查发现，在最令人难以启齿的话题排行中，金钱排在第一位。令人惊讶的是，死亡、宗教和政治都排在金钱之后。

在我加入 FIRE 之前，我几乎可以与众多密友和家人分享任何东西，但永远不会讨论我的薪水或者我的养老保险有多少钱。为什么呢？讨论钱就具有挑战，因为它代表着一切：成功、意义、权力和地位都与它息息相关。金钱是许多其他事物的简写。

FIRE 社区内部则完全不同。从在线论坛，到面对面的会议，再到每月发布更新净资产的博客，所有这一切都清晰可见，因为 FIRE 社区是在开放合作原则的基础之上建立的。随着我逐渐融入 FIRE 社区，我认识到对金钱保密弊远大于利。我们想隐瞒什么？内疚、羞耻还是恐惧？那种恐惧是我们成长过程中产生的吗？我们害怕被视为贪婪还是愚蠢呢？但另一方面，我们自由地分享着信息和知识，每个人都能从中受益。这就是在创作本书的时候，我和泰勒决定对我们的财务状况完全公开的原因。

我们赚了多少，花了多少，存了多少，FIRE 对我们的影响有多大。我们想把钱作为日常对话的一部分。我们并不想把我俩的例子当作某种参照，而只是想表明钱的力量支配着我们。我们希望这可以帮助你重新认识你与钱的关系以及钱对你的真正意义。金钱只是达到某个目标的一种方法而已。但无论是目标还是方法，都可以按照你自己的意志更改定夺。当你读这本书的时候，即使你不愿意与亲人分享你的财务明细，你也该考虑加入某网上论坛，在那里，你可以开诚布公地谈论金钱（如果你不愿意，也可以匿名）。

每个人的故事都不一样，我知道当时我和泰勒的经济状况与你的可能不尽相同。我们都不是在富裕的家庭长大的，但我们都非常幸运地上了大学，毕业时也没有多少助学贷款要还。在之后的几年里，我们又避免了信用卡债务。上帝保佑，我们一直身体健康，不用应付金融危机或突发事件。若不是这样，我们肯定会债台高筑。我们很幸运地获得了技能并在高薪行业找到了工作。

我们的故事反映了一个极其普遍的问题：我们没有充分

利用我们所拥有的东西，而是白白浪费掉了。

我和泰勒一直都拼命工作，是为了能够慢条斯理地核对一长串的购物清单，我们认为大量的购物清单会让我们感到快乐和高人一等。真是浪费生命啊！像很多人一样，当我们挣到更多钱的时候，我们经历了"生活方式的蜕变"：买更贵的东西，多出去吃饭，活得更奢侈。事实上，我们经常忽略了收入该如何应付开支的增长。当生活失控时，对你长远的经济状况来说可能是危险的，甚至是致命的。

我践行 FIRE 理念的目的是找到一条近距离的替代路径，一种独特有趣的生活理念，并且绝对是逆潮流而动的。我相信"萝卜白菜，各有所爱"，但很明显，这条路并不适合每一个人。我希望我的故事能激励你深入地了解自己的经济状况和生活方式。你在用时间换金钱吗？你想在去世后留下什么样的遗产呢？

如果本书所传达的信息以及其中的例子能够帮助一些人过上更幸福、更富有的生活，那我会认为这是一个了不起的成功。

你将要读到的故事是，我家从频繁超支到我们把一半的收入存起来的转变，从住在海边的奢侈豪宅到周游全国各地去寻找更便宜的住处的经历。

在写作的过程中，我尽量做到坦诚相告。我不仅会叙述我的成功，也将告知我的失败和斗争。我告诉泰勒也要这样做。我的目标是向你们展示一个家庭追求 FIRE 的一段真实旅程。我希望本书会激励你去寻找属于你自己的自由生活。

第一章

工作、吃饭、睡觉，重复

在 2017 年 2 月那个特别的星期一早上，如果你在圣地亚哥的高速公路上看见了我，你可能不会再看第二眼。一个三十多岁的开始秃顶的男人，坐在一辆普通的汽车里，喝着冰露。这不过是通勤路上的一个普通美国人而已。

事实上，那个星期一的早上并没有什么特别的，像许许多多个平常的星期一早上一样，车子在上班的路上正常行驶着，我在车子里坐着。说它特殊，是因为那天早晨我听到了一则将改变我一生的消息。

这个消息让我辞掉了工作，离开了加州。和家人一起旅行了长达一年之后，我对成功、金钱和自由都有了新的认识。我找到了实现美国梦的秘诀。当然，实现美国梦是大多数人梦寐以求的事，却很少有人能做到。

这个故事开始于十年前，那时我遇到了我的妻子泰勒。

一开始，我和泰勒就是一对欢喜冤家。我们都喜欢冒险，梦想过上奢侈的生活。去拉斯维加斯过新年？突发奇想去索诺玛泡温泉？为什么不呢！我们没有把钱花在华丽的手表或名牌服装上，而是在太浩湖划船、住四星级酒店、购买新的滑雪板和环球飞行。这多刺激啊！我们对名酒和高档饭店产生了兴趣，当一家新饭店开张时，我们一定要去尝尝，如果能见到厨师，那就更好了。有时，我们一周在外面吃三到四次高档大餐。我们开玩笑说，我们的座右铭是"如果卡里有钱，就去银行取出来吧"。

我们说到做到。拼命工作赚钱，而这些钱却被我们挥霍一空。当然，这对我们来说没什么。只要不负债，我们就觉得我们做得对。我们大手大脚花钱，存款少得可怜，我有时也感到焦虑不安。

每到这个时候，我都会提醒自己，我们还年轻，将来有很多时间，我们可以攒钱！遇上赚大钱的日子，如接了一个大单或者做成了一笔数百万元的生意，我们就会去饭店庆贺一下。

我们的收支平衡被逐渐打破，但我们都习惯了用彩票思维来聊以自慰。

当时，我正在给世界上最大的一家啤酒公司赞助的赛事做摄影师。我的工作包括飞往西海岸支持 NBA（美国职业篮球联赛）和 MLB（美国职棒大联盟）这样的全明星赛事，参加圣丹斯电影节，等等。

对于一个喜欢冒险和结识新朋友的小伙子来说，我感觉自己找到了一份理想的工作。但一年后，我开始质疑起这项稳定的工作。我渴望去做更有创意、更有意义的工作。

我那时经常失眠，生活方式也很不健康。我知道我不能长期如此。我渴望去户外冒险、参加体育活动，我渴望的远比喝啤酒更刺激，我不愿错过和家人在一起的美好时光。

2010 年，和泰勒结婚后，我俩去加勒比海上的岛国圣基茨和尼维斯度蜜月。在返航的飞机上，泰勒将头斜靠在飞机座位上，对我说："要是每天都住在这样的地方多好啊！"

当时，我们住在里诺，但我们都想换换风景了。十分钟后，我们在餐巾纸背面列出了一张"天堂"地点的清单，包括圣约翰岛屿、考艾岛、科罗纳多岛、斯科茨代尔岛和基韦斯特岛这些风光秀丽的度假胜地。

2012 年春天，经过反复论证，我俩怀揣着天天度假的梦想，双双辞去了工作。把里诺家里的东西打包之后，我们迁往靠近圣地亚哥的加州科罗纳多。我们想要的是天天享受，而不是只在周末去住两天。我们告诫自己，不要像其他人那样只是嘴上说说，却从未成行。回想起这次不寻常的迁移，对我们接受即将到来的 FIRE 生活方式是很好的磨炼。

在最初的几年里，住在科罗纳多，让我们真的感觉像生活在天堂一样。我们在海湾附近租了一间狭小的一居室。

每天，我们在木板路上散步，观看夕阳映照在美丽市区的天际线。我们买了两辆沙滩车，到处乱转。我们沿着城市转悠，下班后和朋友们一起喝酒。我们感觉拥有了人人都梦想的生活，无忧无虑，无拘无束，轻松地享受户外生活。

随着我们对户外运动热爱的与日俱增，我们的户外装备也越来越完备。我们买了皮艇、立式划板和冲浪板。为了运送所有的装备，我们买了一辆雪佛兰探界者 SUV 和一辆丰田普锐斯，都带有天窗和行李架。因为这是在加利福尼亚啊！这儿有最好的阳光。

在圣地亚哥这座新兴城市，我们找到了很多就业机会。泰勒为她的家族公司工作，稳固地建立了自己的市场和销售网络。我和别人合开了一家视频制作公司，后来被收购了，于是，我们又开了一家更大的营销代理公司。我开始觉得圣地亚哥的当地文化与公司不太合拍，最终我和我的搭档决定重起炉灶。当然，这样做意味着白白浪费一大笔钱，但我觉得这个决定是正确的。我总是把个人自由放在收入之上。我知道我有潜力创建另一家成功的公司，我已经拥有了这样的技能，我只需给自己一个机会。

这时候，我和泰勒却决定要个孩子。

2015年10月，我俩的女儿降生了。那天的加利福尼亚，阳光明媚、海风习习。我们给她起名叫乔薇，取自"快乐"①这个单词，希望她会像我们一样在她的生活中追逐快乐。

像大多数初次为人父母的人一样，我们为孩子的降生做好了一切准备工作。我们从一居室的出租公寓搬出来，住进了一套三居室的房子。这套房子虽然小，但有更多的房间。当时，泰勒在家办公，她想要一间自己的办公室。除此之外，我们知道会有家人来看乔薇，所以需要一间客房。

---

① "快乐"的英文单词为jovial，与"乔薇"的单词Jovie发音接近。

经过几周的寻找，我们找到了一套每月租金为 2850 美元的出租屋，这在科罗纳多算是便宜的。我们很快又花了 8000 美元来装修新家，准备了一间带婴儿床的育婴室。我们为孩子的到来做足了准备。

在乔薇出生之前，我和泰勒都感觉到开支正在失去控制。偶尔，我们会谈到削减开支，但当付诸实施的时候，都以失败告终。我们劝慰自己我们应该拥有想要的一切——去新西兰度假，为我们的宝贝女儿买意大利生产的最好的婴儿车。

我们有钱，我们都天真地以为这一切会有圆满的结局，我们的收入会持续增长，总有一天我们会为将来存钱。

毕竟，泰勒的收入不错，我的新公司也已经开始盈利了。另外，通过往我们的养老保险账户里存钱（通常大约是我们收入的 10%），我们在经济上也有了保障。当然，除了养老保险账户以外，我们两人都没有投资股票市场。

我们不熟悉投资，总觉得股票风险太大，繁忙的日程也总是成为我们没有时间去学习更多知识的借口。除此之外，我们家的一切看起来都很好。我们有很高的收入，定期往养老保险账户里存钱，没有消费债务。我们走的路当然是正确的。

之后，乔薇降生了，泰勒开始知晓许多母亲的烦恼。数周之内，她都无法接受重新工作，因为这表示她每天将与小女儿分离八小时之久。之前，泰勒很喜欢她的工作，她从来没有想过要做一个全职妈妈。现在，考虑到我们的经济状况，她别无选择。短暂的产假结束后，泰勒又恢复了全职工作。我们每月花2500美元雇保姆照看乔薇。我俩都不想让泰勒去工作，但这是我们唯一的选择。我们需要两个人的收入来维持我们的生活。

几个月过去了，泰勒越来越不开心，因为她留恋和孩子在一起的快乐时光。看见她郁郁寡欢，我的心都碎了，最糟糕的是，我认为我应该对目前的窘况负责。

在决定要孩子之前，为什么我没有督促我俩多攒钱呢？我离开那家待遇优厚的大公司，选择自己创业，是不是犯了个错误呢？当时泰勒是支持这一决定的，尽管这意味着经济收入会更不稳定。上班路途更远了，工作时间也更长了，现在我不知道她是否后悔了。她会觉得我的企业家之梦是她幸福的绊脚石吗？她放弃和孩子在一起的时间是为了让我追求我的个人目标吗？当这一切在我脑海里翻腾的时候，我的心理压力更大了。如果是我自己承担这一切，我就没有多少时间陪乔薇了。天哪，准确答案在哪里呢？为什么这么难？

这时候，我的一个合伙人决定离开我们的制片公司，我的生意也垮了。四年前，开始创办公司的时候，我们都还只是一群二十多岁的小伙子，精力旺盛，对事业充满了信心。

我们成功了。我们把公司从一个小型婚纱照公司做成了一

工作、吃饭、睡觉，重复

007

家有理想的商业视频制作公司，每年有七位数的收入。当然，我们为公司付出了大量心血，这工作很苦。

起初，这种付出还在可控范围内，但现在我们的生活完全不同了。我们都有了家庭、按揭贷款和日托费用。我们不能一次去旅行几个星期了。我们渴望得到公司发放的健康保险和养老保险。我们要的是稳定，而不是这种时富时贫的生活方式。当合伙人决定离开时，我和泰勒就一致决定该往前走了。

不到一个月，我关闭了我一手创立的公司。我又一次挣脱了束缚，寻找下一个机会。我很自私，总想着创办一家媒体公司，创造出我感兴趣的东西，但现状不允许我从头再来。

我和泰勒的生活方式需要两名全职工作者的收入来维系。因此，我到一家名叫"灰熊"的创意公司里担任创意总监，公司刚开张不久，前景被普遍看好。公司团队里人才济济，我有幸学到了更多关于品牌设计方面的技能。

这是一份薪水稳定的好工作，但还是没有解决我们的问题。即使有了这份工作，我们也无法实现理想。难道我就这样无限期地为人打工吗？我做企业家的机会在哪里呢？

我成了一名拿着薪水的工人，与此同时，过去离我们很遥远的问题现在开始出现，比如买房子。在科罗纳多，购买一套像样的小三间居室要花100多万美元，在圣地亚哥也需要

60 万至 75 万美元。还有乔薇上大学的费用呢？为人父母的我们不应该为孩子上大学攒钱吗？除了退休基金，我们没有其他积蓄。我们一向无忧无虑、随心所欲，现在却感到原来的生活方式只是鲁莽之举。

我知道只有一个解决办法。我需要想出一个能赚百万美元的点子，只有那样，我才可以重做企业家的梦，泰勒也可以辞职或减少工作。我们可以继续住在科罗纳多，还清汽车贷款、买房子，也会有些存款。

每天晚上，我都花好几个小时抱着乔薇在家附近散步，这是唯一能让她入睡的办法。每次，我都一边散步，一边听主播谈初创企业的故事。

或许，我也应该自己创立媒体制作公司，或许我应该通过学习亚马逊高级教程，掌握那些热门的新技术。

我阅读了有关加密货币和房地产翻转的书籍。连续几个月，我一直在寻找我的"赚百万美元的点子"。我只需要一个大的突破，那样我们就可以赚够钱，然后过上梦寐以求的轻松生活。

2017 年 2 月 13 日，星期一，我像往常那样醒来，吻了吻泰勒和乔薇，说了声再见，就出门去上班了。

高速公路上，汽车在我前面排起了长队，我开始收听最喜爱的播客——蒂姆·费里斯访谈节目。费里斯被称为生活方式和"生活黑客"的大师，他也是一位成功的天使投资人。而且他还以写作了《每周工作四小时》而名声大噪，最近又出版了《巨人的工具》。

他总有风趣的访谈对象，他访谈过的名人包括阿诺德·施瓦辛格、塞斯·戈丁、阿曼达·帕默、杰米·福克斯还有托尼·罗宾斯。他在播客里描述说："通过解析不同领域的世界级的成功人士（投资、体育、商业、艺术等），我提取了可供您使用的策略、工具和例程。"

《钱胡子：每年只花 25 000—27 000 美元，过着美好的生活》，新的一集这奇怪的标题让我感到很好奇。于是，我按下了播放键。

钱胡子先生，真名是皮特·阿登尼，出生于加拿大，之前是一名中等收入的工程师。他在三十岁那一年退休，现在住在科罗拉多州博尔德附近。自 2005 年以来，他就没有从事过正式的工作。

在播客简介中，蒂姆介绍了钱胡子一家是如何做到这一切的。钱胡子主要通过做几件事来实现提前退休——进行指数基金和房地产投资，以低成本优化生活方式来获取最大的乐趣。

　　钱胡子家每年的消费总额只有 25000—27000 美元，但并不缺少任何东西。我在脑子里快速计算了一下，这家伙一年的开支仅够我和泰勒维持三个月左右的生活。

　　蒂姆把钱胡子先生的哲学和社区称作"世界范围内的时髦现象"——自 2011 年开博以来，钱胡子先生的博客有 3 亿人次的浏览量。他表示钱胡子是"本播客最受欢迎的五名访谈对象之一"——这句话引起了我的注意。

　　钱胡子说经过大学毕业到工作的多年积累，他的积蓄已经相当于他年开支的 25 倍到 28 倍了。他用这些钱投资先锋指数基金。在三十岁的时候，钱胡子和妻子在孩子出生后辞掉了他们的工作，因为投资现在已经为他们创造了足够的被动收入来支付生活费用。他说这个基本公式对大多数人都适用。

　　如此说来，我和泰勒只需要有 25 倍于我们年开支的积蓄就可以退休了？当时，我们每月的开支大约是 1 万美元，一年就是 12 万美元，这意味着我俩总共需要储蓄 300 万美元。这就万事大吉了吗？不是有人说需要存 1000 万美元才能退休吗？（我不记得这是从朋友那里听到的还是在电视上看到的了。）正当我对这套计算方法充满疑惑时，钱胡子信心十足地解释了一遍，我立刻被吸引住了。

　　钱胡子谈到他日常 90% 的旅行都会选择骑自行车和徒步，

为的是省钱。他完全没有债务，只购买那些能消除他生活中负面影响的东西。他开着自己的老爷车去家得宝购物，他没有精打细算到只选择打折食品的地步，而是会购买精酿啤酒和有机巧克力。他说："我消费是为了获得最大限度的快乐，当消费不再使我快乐的时候，我就不买了。"

为了全神贯注地听播客，我把车开下了高速公路，停在一棵树的树荫下。我给同事发短信，因为"照顾孩子"，我会迟到一会儿。

之后，我把音量调大了继续听。皮特在他的"钱胡子先生"博客上记录了他和他家人的生活，他有一群自称"八字胡"的追随者。因为皮特是让我第一次接触到 FIRE 的人，我就以为是他发明了这个理念。后来，我才知道皮特只是其中几十个知名人物之一，FIRE 的理念已经存在几十年了。

蒂姆说这种生活方式似乎是为了应付盛行的消费主义文化而产生的有效方法。

我想到了我们家的三居室塞满了家具、电子产品和婴儿用品。我和泰勒开玩笑说我们是"亚马逊迷"，因为每隔几天就有一个新的棕色包裹出现在我们的门口。我们是谁？我们为什么要这样生活？那对只想玩乐和享受户外乐趣的夫妻哪儿去了？

对我来说，皮特的生活听起来像是理想的成人生活。我想在周一早上去爬山，带我的孩子去露营，在车库里和朋友们一起酿造啤酒，然后全身心投入创造性的追求中。我想要一个没有工作电话、没有荧光灯、没有季度审查会议或带薪休假的生活。

FIRE 能帮助我和泰勒拿出更多的时间和乔薇在一起吗？能让我们逃离消费主义的陷阱，只做我们喜欢做的事情吗？FIRE 能让我们重温过去的冒险、放松、快乐的生活吗？

我的内心发生了变化，也许我不需要做"一件大事"来解决我们的经济问题，也许只要少花钱就能够踏上自由之路，我对自己产生了怀疑。几个月来，我第一次感到兴奋、充满希望，我找到赚百万美元的点子了！

4% 法则

根据 FIRE 的公式，一旦你有了 25 倍于你年开支的积蓄，你就可以退休了。这真的可能吗？

假设你每年花费 5 万美元，就意味着你需要为退休投资 125 万美元。你可以期望你的投资有 5% 的回报，也就是说，125 万美元的年回报是 62 500 美元（这是一个非常保守的估计，在大多数年份，你的回报会更高）。

这实际上超过了你需要的 5 万美元！然而，如果你每年只提取你投资收入的 4%，这就意味着你有了应对通货膨胀和市场下跌的缓冲。"4% 法则"也被称为"安全提现率"，是基于圣大卫三一大学[①]的一项研究，用于计算退休人员在不导致本金缩水的前提下每年可从存款里支取的金额。

再算一次。如果你的储蓄是你年度支出的 25 倍，然后用其投资，扣除通货膨胀，你就能得到 5% 的平均回报。如果你一年只提取 4% 的投资收入，你就可以永远靠这笔投资生活下去。

如果你还有问题，不要着急，以后我会把这个公式解释得更详细。

---

① 圣大卫三一大学全称为威尔士三一圣大卫大学，是一座位于英国威尔士地区的综合性名校。

第二章

赚百万美元的点子

直到 2 月的那个星期一，我才发现我对工作越来越难以忍受了。不停地出差，拖着沉重的设备去完成拍摄任务，周而复始，每天工作十二个小时。这是年轻人才能胜任的工作，我已经开始感到力不从心。

尽管如此，我跟同事们相处得就像家人一样，我不断接受挑战，总是尽职尽责，工作做得很好。但我讨厌越来越多的职责。而且工作要求越来越高，工作压力也随之增大。

我们花很多时间来扩大客户群，伏案处理数据。无论是创办视频制作公司，还是在创意公司工作，我的职位越高，受到的压力就越大。

自从知道科罗拉多州有个四十岁的男人周一会去远足，

还会在门廊上读书之后，我就越发难以忍受工作中的不如意。为期一周的会议往往意味着一星期我都见不到孩子，这会让我经常失眠。闷在办公室里苦思提案的时候，我望着窗外加州的好阳光，心想这真是一种折磨。

一天中，我最喜欢的时间是晚上，那时候，我会抱着乔薇散步，帮助她入睡。乔薇和泰勒一入睡，我就会花几个小时研究钱胡子先生和其他名人谈论的 FIRE。事实上，当我在谷歌上搜索有关提前退休和财务自由的文章时，我意识到还有成千上万的人在做着同样的事。

我读到一对有三个孩子的夫妇在三十多岁就退休了；硅谷有一个人把 70% 的工资存了起来，三十五岁的时候开着房车环游全国；一对夫妇卖掉了他们的房子和四辆车，全家住进了房车里；纽约的一对夫妇利用房地产投资在二十九岁时就辞掉了工作，打算在生孩子之前环游世界——不过，他们生了孩子后也一直在旅行，他们那个五个月大的孩子去过的国家比我都多！

我想象着我们一家过着这样的生活。乔薇站在金字塔前，眺望着远方；我在加勒比海游泳，看着海龟慢慢爬行；我们一家三口游览中国的长城，吃着好吃的北京美食。这一切与朝九晚五、只盼周末到来的我的生活真是天壤之别。

皮特先生只是 FIRE 运动的"向导"，还有数十名博主也都各自记录着他们的财务自由之旅。有些人以匿名的方式来保护他们的公司职业生涯，有些人已经退休，还有些人经济上已经完全独立但仍然决定继续工作。除此之外，还有一些像我这样的人打算尽快辞职，也许就在几周甚至几天以后。

很多这样的博客不断出现。雅各布·隆德·菲斯克是一名物理学家，他通过极度节俭的生活方式实现了财务自由。现在，他靠着长期投资带来的每年7000美元，在旧金山湾区生活。他住在房车里，十多年都穿着同一件衣服。

丽兹和内特·泰晤士放弃了他们在剑桥的一切，在佛蒙特州买下了一个农场。他们过着俭朴的生活，自己种植粮食，实行为期一年的"消费禁令"。

朱利安和基尔斯坦·桑德斯是亚特兰大的一对夫妇。在他们的博客上，你可以看到他们从消费债务缠身到还清按揭贷款的全过程。

布兰登·甘奇以前是软件工程师，他在三十四岁就退休，现在定居在苏格兰。杰瑞米·杰克布森和唐微宁专门研究"地缘套利"，他们生活在具有异国情调的低生活成本国家。

各种各样的博主都为FIRE的生活方式提供建议。有孩子的人、军人家庭、住在大城市的人、想周游世界的人、想做慈善事业的人等等。当时，我很惊讶这么多人都知道FIRE理念，我却从来没有听说过。

几年前，我就想开办自己的播客，只是因为时间不允许才没能如愿。如果我实现了 FIRE，也许会成为一个播主，还可以把我的时间奉献给我所信仰的事业，比如海洋清理工程，又或者鼓动人们参与有效的利他主义运动。泰勒也许会有时间去实现她的理想，去老年中心做志愿者，又或者加入一个非营利性组织去帮助单身母亲。

等到这一切都实现，我会和我的妻子、女儿在一起吃饭，想什么时候起床就什么时候起床，冬天住在加勒比海，夏天住在太浩湖。我想在乔薇长大成人之前一直陪伴她，每天教她冲浪，带她去参观伯利兹海岸的珊瑚礁，在太平洋屋脊步道徒步，教她踢足球，和她一起弹钢琴。

当泰勒问我为什么这样心不在焉时，我含糊地说是因为工作上的烦心事，然后端着手提电脑匆匆离开了。

事实上，我知道我最终会告诉她，但我不想吓到她或者让她以为这只是我的又一个离奇的点子。

我知道这个点子跟以前（每周一个）那些点子是不同的。这个点子不涉及开始另一门生意，也没有时间和金钱上的风险，只是合理有效地利用我们已经赚到的钱。

我很快相信 FIRE 就是我赚百万美金的点子，是过上我们想要的生活的机会。我们会有更多的户外活动，有更多的时间享受天伦之乐，也有更多的时间陪伴乔薇。

在我们刚开始交往时，我一直很节俭，一些最难忘的争吵都是因为钱或者与钱有关。我和泰勒的金钱观截然不同。

我小时候家境不好，当地人都很节俭，省钱被看作聪明的行为，这能让你融入节俭风气盛行的大家庭。当我通过砍价得到一间打折的酒店房间或在清仓时买到一台电脑时，我会很自豪地向别人炫耀！这让泰勒觉得很难堪。

泰勒从小被灌输的观念是，谈论省钱很俗气，那只是你付不起全价的表现。另一方面，她喜欢谈论购买的东西有多么昂贵，这反过来又气得我发疯。

在我家，炫耀财富被认为是自命不凡的表现。这表明你自以为高人一等。泰勒却认为买来的东西是她用努力工作换来的，没有什么好羞愧的。

最终，泰勒和我都彼此努力适应，不再为此争吵不休了。我不再让她知道我买东西时因为砍价少花了多少钱，她也不再让我知道她在购物时花了多少钱。

我不敢随便地提起 FIRE，泰勒可能会以为这是我在委婉地批评她花钱大手大脚。再说，当她赚得比我多的时候，我凭什么对她的花钱方式指手画脚呢？可另一方面，泰勒想待在家里陪伴乔薇，这样就意味着我们的理财方法必须改变。

我觉得一旦她明白 FIRE 是通过削减开支来获取更多，尤其是多了和家人在一起的时间，她就会赞成 FIRE。所以，像害怕与他们的配偶进行艰难对话的其他男人一样，我也做了同样的事，我给她发了一封电子邮件。

在标题栏，我写了"查看这篇文章"，在正文栏，我贴了一个博客文章的链接，那是钱胡子写的关于介绍 FIRE 计算公式的文章。那也是我读过的几百篇帖子中最喜欢的一篇，我敢肯定这篇文章一定会让她眼前一亮。

那天晚上，我们一起做饭的时候，我一直在等她提起这个话题。她觉得 FIRE 很奇特吗？她也像我一样很激动吗？我迫不及待地想和她分享我所学到的一切，告诉她我认为可以减少生活成本的所有方法。但她没有提到那封电子邮件。做饭的时候没提，吃饭的时候也没提，甚至晚饭后洗碗时还是没提！最后，当我们要上床睡觉的时候，我主动提起了话头。

"哦。"她说，"我没有读完，但是似乎很有趣。"之后，她开始说乔薇有了新的玩伴，很显然，我妻子没有对 FIRE 产生兴趣，我还有更多的工作要做。

除了泰勒，我还将我对 FIRE 的痴迷分享给了别人。在我听到钱胡子先生的采访后一个星期，我对好友乔提起了 FIRE 的理念。他是我以前的同事，也是我敬重的人。他似乎在理财方面很有心得，还曾经帮我审查了一些经商的点子。我觉得我可以跟他探讨一下如何向我妻子谈 FIRE 的事，因为他擅长做别人的思想工作。

他一接电话，我就直奔主题：我发现了幸福的秘诀，那就是花钱要少于你的收入，把余下的钱存起来，然后靠红利生活、环游世界。我说我是通过一个叫钱胡子的人知道的。是的，那是一个真实的名字。哦，伙计，你必须阅读这个人的博客，它会让你脑洞大开。

"哦，是的，我听说过那个家伙。"乔说。

我一时无语了。他已经听说过幸福秘诀了？

原来，乔已经阅读钱胡子先生的博客很多年了。

"你为什么不告诉我呢？"我问道，"这件事，你知道很久了，你却只字未提！"

"哦，我们之间从来不谈这种事呀。"乔说。他说得没错，我们谈了许多个话题，商业创意、政治、健康，诸如此类，但我们从来没有真正讨论过金钱和生活方式的选择。

我突然想到，在我认识乔的四年里，他经常骑自行车去上班。他拥有一辆二手本田飞度。他和妻子安吉尔住在漂亮整洁的小区里，但他家的房子比我家的便宜。每当我们聚会时，他通常建议我们在家活动，而不是去外面。我最亲密的朋友一直过着 FIRE 的生活，而我却一无所知！

我和乔的谈话使我进一步认识到，我和泰勒需要认真对待这件事。我们都很羡慕乔和安吉尔平静舒缓的生活方式。他们喜欢生活中简单的东西，而我们却经常无暇顾及。他们俩是我们认识的人当中最幸福、最知足的一对儿。

问题是我仍然不知道如何跟泰勒谈这个话题，那肯定会变成一场金钱之战。过去谈起我们的开支的时候，我经常不知不觉就发起火来。我会因一些一时兴起的消费（比如1400美元的冲浪板）唠唠叨叨，也会为迎婴派对买了昂贵礼物而生气。泰勒则会义正词严、反唇相讥。为什么我们要花1400美元买冲浪板呢？是因为我一直想要也同意买那个礼物。我们互相指责对方花钱更多，没有遵守预算。

我们偶尔也会制订预算、严格消费，但没几个月就状况频出，假日马上来临，太忙没有时间做饭，不得不乘飞机去参加婚礼，节俭自然而然地被抛到九霄云外。

这次，我不想吵架，不想让泰勒心存戒备和不满。在FIRE这个问题上，我想让泰勒跟我的观点一致。FIRE是一种工作时间短、压力小的生活方式。

我希望我们可以踏上我们一直想走的路，做我们想做的，想什么时候做，就什么时候做！谁不想要这种生活方式呢？纯粹而彻底的自由！选择的自由，从经济压力中解脱出来，自由自在地做自我！我考虑再三，认为最佳的策略就是继续给她发送博客的链接，观察她的反应。

　　在接下来的一周，我就是这么做的。我给她发了几个知名博主的博文，包括钱胡子先生的帖子。她有提到过一次，但大多数时候，她都太忙了，以致没有时间阅读文章。她对这些博文不感兴趣，我很沮丧。照这样下去，等说服了泰勒开始准备提前退休，我们法定的退休年龄也到了。

第三章

让你快乐的十件事

当我纠结着如何跟泰勒提起 FIRE 这个话题的时候，我不知道有许多夫妻也遇到了同样的窘境。

从那时开始，我注意到，许多夫妻中的一方都曾试图说服另一方接受 FIRE（有的失败了）。例如一个很有名的博主布兰登。最初，布兰登对 FIRE 崇尚至极，但他的妻子吉尔无动于衷。

如今，几年过去了，他们都成了 FIRE 的倡导者。很明显，你的配偶是通向财务自由道路上的真正障碍。说服工作必须做到深思熟虑，在这一过程中要尽可能地尊重对方。

当时的情况是如果没有泰勒的支持，我就无法追求 FIRE。这不仅仅因为我家一半以上的收入是她赚来的，而且因为她是我孩子的母亲。如果她不同意削减成本，彻底改变之前的生活方式，那么对我来说 FIRE 将是一条孤独之路。

有一天，我突然想到，如果我让泰勒了解了 FIRE 会给我们带来哪些好处，而不是专注于 FIRE 不能实现的东西，她一定会对其产生浓厚的兴趣。因此，我需要把我们的注意力集中在我们最看重的地方。

一天晚饭后，在我们洗碗的时候，我请泰勒写下每周让她最快乐的十件事。当她问为什么时，我告诉她这是一项练习，与我一直向她推荐的 FIRE 有关，而且很好玩。她同意了。我给乔薇洗完澡之后，我突然开始怀疑起我的小伎俩，如果泰勒写上开我的宝马或者出去吃大餐怎么办？如果她依旧迷恋岛上的生活方式怎么办？我是不是犯了大错，在建议她放弃这一切之前，让她想起了她之前钟爱的一切呢？

我一走进卧室，泰勒就问我是不是想听听她的清单。她是这样写的：

1. 听我宝宝的笑声。

2. 和我丈夫喝咖啡。

3. 抱着我的宝宝。

4. 出去散步。

5. 骑自行车游玩。

6. 喝一杯葡萄酒。

7. 吃美味的巧克力。

8. 和家人们聊天。

9. 家庭聚餐。

10. 读书给宝宝听。

听完这个清单，我知道了为什么我和泰勒会一见钟情。我们俩同样重视家庭，尽管之前我们有些偏离轨道。我们都曾认为，只有花钱才能享受生活。但在看了她的清单后，很明显我们看重的东西依然是一样的，我如释重负。清单上提到的所有东西都表明，我们有过节俭生活的基础。

同样不可思议的是，我们的清单竟然如此相似。

我的清单如下：

1. 给乔薇读书直到她睡着。

2. 听音乐。

3. 喝酒。

4. 和妻子一起喝咖啡。

5. 在户外游玩（骑自行车、徒步旅行等）。

6. 为家人做饭。

7. 阅读。

8. 花时间和朋友在一起。

9. 玩竞技体育。

10. 钓鱼。

我告诉她，写清单让我意识到我喜欢做的事情既简单又便宜。

"当你看到你的清单时，你是怎么想的呢？"我问她。

"清单上没有海滩。"从她说话的语气，我听出了她和我有同样的想法。为什么我们要住在花费这么高昂的海滨小镇呢？

"在我的清单上，唯一需要花钱的东西就是酒和巧克力。"我同意她的说法。

她开始说过去几个月买的东西，刚开始她很开心。她觉得应该买，这是她努力工作的回报，但事后想想，那些东西并没有让她真正地开心，她就没有把购物列在清单上。很明显，我发送的文章和播客开始渗入她的潜意识。

十件事测试最终成为我们决定追求 FIRE 的最有意义的因素之一。直到今天，我们仍然保留着各自的清单，并经常提起它们。事实上，我强烈推荐这种方法。这些清单之所以奏效，是因为它们迫使我们面对一个令人不安的现实——我们的支出没有反映我们的价值观。在分享了我们的清单之后，我们比以前更加公开地谈论钱的问题。我决定实施 FIRE 的理念，开始大幅削减我们的开支。

"你看懂我发给你的那些有关财务自由的文章了吗？我已经做了大量的阅读，我认为 FIRE 对我们来说是有意义的。"我告诉她。

我向她解释了我听到的钱胡子先生的第一个播客访谈，我和乔的谈话，还有从那以后我做的所有研究。我承认我对 FIRE 很着迷，我觉得我们必须追求 FIRE。

泰勒立刻问我为什么不早点告诉她。正常情况下，我和泰勒经常把我们心中的想法说出来讨论，这次我不说出来是不正常的。我解释说我一直担心她不会接受，因为这对我俩来说不是一件小事，她既要照看乔薇又要工作，已经心力交瘁了。此外，FIRE 是一种截然不同的生活方式，我们能不能做到，连我自己都说不准。

泰勒听了我的话，什么也没说。我知道她想弄清楚这是不是我的另一个疯狂的想法。

"你真的认为我们可以提前退休吗？"她问道。

我点了点头。

"那么我愿意多多学习。"

十件事测试

在我们的一生中，时间很有限，然而，我们在赚钱或者花钱上浪费了太多时间。话又说回来，你想怎样利用你的时间呢？你喜欢做什么？利用时间的最好方式是什么呢？

十件事测试很简单但很有效。把你一周之内最喜欢做的事情列一个清单。你可以把期限定为一个月，但我喜欢定为一周。通常来说，一天的时间太短，一个月又太长。往往你每周做的事就是你一生做的事，这就是该测试如此有洞察力的原因。如果你和同伴一起做这个测试，记住等你写完再做比较。写完后反思一下你的清单。在这十件事中，你注意到了什么？是否有一个规律或主题？有什么内容没有被写进去？

附加题：列出每月你花钱最多的十件事，并将其与你最喜欢的十项活动进行比较。你把钱花在你真正喜欢的事情上了吗？

在接下来的几天里，我和泰勒深入讨论了 FIRE。她对 FIRE 很感兴趣，也愿意接受这个理念，但她不喜欢 FIRE 里的极端做法。我们怎么能从现在的生活方式一下子过渡到吃米饭和豆荚，住野营车呢？如果把你收入的一半存起来并在十年内退休真的那么容易，为什么不是人人都这样做了呢？我们有可能把挣来的钱存一半吗？

我不知道她所有问题的答案，但我敢肯定的是，只要我们开始践行 FIRE，我们总会找到办法的。毕竟，我们都认为目前的生活方式并不能长久。

真正改变泰勒想法的是某个播客中名为《财务自由的支柱》的一集。这一集的讨论把 FIRE 从离奇古怪的东西变成了一种切实可行的选择，真正让泰勒兴奋的是 FIRE 对我们生活的意义。

她似乎开始明白节俭背后的玄机以及该项运动的道理。她给我播放了这一集她认为很关键的陈述，主持人布拉德·巴雷特说："我们不是在宣告你应该如何生活，而是让你换个角度审视生活。"由此，泰勒觉得 FIRE 在本质上并不极端，只是追求财务自由，至于你何时能实现财务自由则完全取决于你自己。她开始勇气倍增，决心以她自己的方式去追求 FIRE。我们决定开始研究一下我们的数据。

我们坐在餐桌旁，我给她看了两种计算结果，是前一周我用在网上找到的退休计算器算出来的。2016 年，我们的税后收入是 14.2 万美元，我们的总开支为 13.2 万美元（其中 1 万美元还了最后一笔助学贷款），剩下 1 万美元。其中一种计算结果显示的是，如果我们继续这样生活下去，再过多少年我们才可以退休。我把我们的开支定在每年 12 万美元（或每月 1 万美元）。另一个计算结果显示的是，如果我们将开支减半，多长时间我们可以退休。我严格按 FIRE 的公式计算，两种计算都假设 5% 的投资回报率和 4% 的提现率。

如何使用退休计算器

退休计算器的工作原理是，输入你当前的收入，然后减去你目前的年度开支，并设定你的存款利率。根据存款利率，计算器就能计算出你需要工作多少年，才能存够钱，然后靠每年的投资收益来支付你的生活费用。

退休时间：34 年后

年储蓄率 16%

年支出 120 000 美元

年储蓄 22 000 美元

月支出 10 000 美元

月储蓄 1833 美元

退休时间：11 年后

年储蓄率 58%

年支出 60 000 美元

年储蓄 82 000 美元

月支出 5000 美元

月储蓄 6833 美元

前面我对这两个计算结果做出了解释。在这种情况下，如果每年花 6 万美元，我们需要节省出 150 万美元以赚取投资收入来为生活买单。节省出那么多钱需要多长时间呢？根据我的计算，如果我们每年节省 8.2 万美元，那就需要十一年。如果，我们的收入增加或者把开支减少到 6 万美元以下，我们便可以更快地达到目标；如果，我们的收入下降，便要减少储蓄，就会花更长的时间。

"通货膨胀、股市崩盘怎么办？"泰勒问。

我们都见过朋友在 2008 年的经济大萧条中失业、失去房子的悲惨遭遇，我们可不想冒这种风险。

我解释说，所有这些计算都是基于 5% 的投资回报率。多数年份，股市的回报比这高得多，只有少数年份比这少，而且它还假设提现率为 4%。理想情况下，这 1% 的差异会提供一个缓冲，以保护你免受通货膨胀和市场的正常波动的影响。然而，这与真正的市场崩溃是两码事。

"已经有数百人这样做了。"我告诉她，"他们中的一些人已经退休几十年了。"

如果股市崩盘怎么办？

你可能和泰勒想的一样，如果股市崩盘，你的投资损失惨重或者血本无归怎么办？果真如此，你就没有钱，也没有工作，一败涂地了。

FIRE 背后的数学原理并非万无一失，也无法准确预测如果面临全球性的金融灾难时会发生什么，但在大部分的正常年份下，这个方程式确实很有效。事实上，三一大学早些时候的一项研究表明，三十年内 4% 的提现率是有 98% 的概率可以保障的。

第一次读到这篇文章时，我想，如果我的家庭遇到那 2% 怎么办？假设我们在四十多岁退休，我们的退休期则比三十年要长得多。一个常见的答案是，如果你担心风险，那就省下 35 倍于你年度开支的储蓄资金，并使用 3.25% 的安全提现率。这意味着你必须在退休前先存更多的钱，以便在遇到经济危机时给你更大的缓冲。

此外，FIRE 并不是你一达到储蓄目标就会强迫你退休。我和泰勒就打算在我们实现财务自由时继续工作。如果股市下跌，即使很少的收入也应该足够我们生活。

社会保障是另一个缓冲，大多数追求 FIRE 的人都会把它排除在他们的预测之外。因此，如果算上社会保障，就又多了一个金融缓冲。如果你没有达到你的储蓄目标，或者大的金融环境不好，那么继续工作或降低开支可以帮你渡过任何难关。这些都表明 FIRE 没有必要尽善尽美。

"你的意思是说我可以在十一年内辞职？"

我点了点头。如果我们削减掉 50% 的日常开支，我们就
会在四十多岁退休。

她抬头看着我。

"我加入 FIRE。"她说，"咱们做吧。"

我感到如释重负，这正是我所期望的。夫妻二人肩并肩
去冒险，随时准备共同面对将会发生的一切。

"我不想放弃宝马。"好吧，我们还有工作要做，但这是
一个良好的开端。

泰勒的观点：接受 FIRE

在本书中，我请泰勒分享她对我们体验 FIRE 的看法。
以下是她做出体验 FIRE 决定时的一段话：

当涉及经济问题时，我一度一无所知。我始终相信率性
而为、尽情玩乐是幸福生活的关键所在。没错！我热爱生活。
和朋友们出去玩时我喜欢买单，偶尔产生的大笔酒吧账单或
诺德斯特龙高档连锁百货店的账单可以证明。我喜欢尝试新
餐馆，我喜欢说走就走的周末旅行。我一直认为如果我们没
有负债，我们的日子就会过得很好。

当我第一次了解到 FIRE 的时候，我没有为之心动。这

不仅因为我喜欢开我那辆漂亮的爱车，喜欢漂亮的东西，还因为我不喜欢FIRE嘲笑那些所谓"愚蠢"的消费者在浪费钱。我觉得任何人都可以做财务自由的人，唯独我不能。

后来，斯科特给我发送了一个播客。在我听到的第一集里，主持人布拉德·巴雷特和乔纳森·门多萨讲述了每个人各自的财务自由之路是多么不同。不是说我的生活方式有多好，你的生活方式有多糟，而是适合你的就是好的。他们说他们只是想给听众一些指导，让他们自由发挥，而不是告诉他们该做什么。

我喜欢这种做法，比起我读的另外一些材料，这集播客更吸引人，更容易接受。它没有让我感到我拥有的东西或者住在目前居住的地方是一种羞耻。

最后使我改变主意的是那些计算数据。如果按现在的生活方式生活下去，我的余生都要工作，我将要错过与斯科特和乔薇共享天伦之乐的机会，而这样的生活不是我想要的。

FIRE故事：吉莉安·卡利斯佩尔，蒙大拿州
我们年平均收入6万美元的七口之家是如何实现财务自由的

在拍摄FIRE纪录片时，我有机会见到了数百名正在体验FIRE的人，我已经把其中的一些采访纳入本书。

财务自由前的职业：销售

目前年龄：三十五岁

财务自由年龄：三十二岁

目前年度支出：3 万美元

FIRE 对我来说意味着什么

我在贫困社区长大，我明白金钱提供的选择和自由。在成长的过程中，我经历了几次磨难。我曾经恳求我妈妈逃离不健康的婚姻，但她担心自己无法养活我们这些孩子。我不知道如何是好。我刚刚有了自立能力，就搬了出去，开始自己养活自己。

我的 FIRE 之路

高中毕业一年后，我和丈夫亚当结婚了。我在读高中的时候存了 8000 美元，用这笔钱，我买了一辆露营车。在我们结婚的头一年，亚当和我就住在露营车里。当时，他负债 4.5 万美元，还有一笔 1 万美元的医疗费用，因为他只是一个少年，没有医疗保险。

我们开始 FIRE 之旅的时候，有 55 000 美元的债务，一辆已经跑了二十年的露营车。起点不是很好，对吧？为了还清助学贷款，亚当参了军。当时，我们能省则省，用他的工资维持每月的生活，我的收入则被储蓄起来。到他二十一岁时，我们已经还清了所有的债务，到他二十四岁时，我们已经存下了 10 万美元。

十年后，亚当从中士的职位上退役了，他可以每月领取 1450 美元的军人养老金。退役后，他选择继续工作。我们存了足够的钱，用现金买了房子，又买了两套房子用于出租。

我们一直想要财务自由，梦想着去享受退休生活和休假。我们想环游世界，想领养孩子。我们知道我们必须拥有这一切。在此期间，我们拥有了四次短暂的退休生活，时间从一个月到一年不等。我们去过二十七个国家，收养了四个孩子，还生了两个孩子。

简而言之

√ 在年收入 60 000 美元的情况下，我们花了十三年的时间才实现财务自由。

√ 我们享受了四次短暂的退休生活，收养了我们的孩子，靠收租拥有了被动收入。

√ 我们靠亚当的军人养老金、租赁收入和投资过活。

√ 提前退休让我们有财力和精力收养四个孩子。

√ 我们用现金购买了一套价值 5 万美元的房子，其中大部分的装修是我们自己完成的。

最难的部分

我们三十多岁就退休了，这给我们与一些朋友的关系带来了压力。很多人对我们加入 FIRE 的动机感到困惑不解，尤其是我们的收入一直也不算高。随着我们年龄的增长，失去老朋友是件很痛苦的事。有些朋友非常支持和理解我们，有些与我们的关系则已经疏远了。

最好的部分

毫无疑问，在我们的 FIRE 之旅中，最可贵的是我俩有能力同时领养三个同胞兄妹。三个兄弟姐妹，多么珍贵，在我们之前，没有领养家庭能做到把三个同胞兄妹一起收养。

我俩凡事优先考虑家人，所以孩子们在身心上都很健康。我感觉他们就是我们亲生的孩子。

我给您的建议

从现在开始，好好设计一下你想要的生活愿景。我们有很多的财富来自储蓄、投资，还有用出租房屋抵消金融风险。

第四章

我在咖啡上花了多少钱?

一旦决定践行 FIRE 的理念,下一步就是列出削减开支的计划。制订这个计划时,钱胡子先生的一篇名为《提前退休背后惊人的简单算法》的帖子给了我们很大帮助。

帖子里说最重要的算法是将你的收入与你的支出进行比较。如果你可以把工资的 60% 存起来,你就可以在十年内退休。

目前,我们只能把不到 10% 的收入存起来(旅行和购买奢侈品时,我们还会把手伸向这 10%)。如何才能把工资的 60% 存起来呢? 大多数 FIRE 的追求者都会把目光投向被称为"三大件"的几项消费,它们是住房、交通和食品。其中,有两样对我们来说似乎是不可谈论的。我家的房子租期两年,所以暂时不可能搬家。我们也没有卖掉新车的打算。

以下是我们做出的十步计划：

1. 减少娱乐性质的消费，譬如电子产品、衣物、乔薇的玩具等。

2. 停止外出就餐。在家里吃早餐和晚餐，带午餐去上班。

3. 审查每月的开销，比如上网费、电话费、健身房会员费、乔薇的游泳课等。

4. 做到低成本娱乐或者不花钱，譬如在海滩上散步，在家看电影，朋友聚餐时各自带上吃的喝的。

5. 把房子里不需要的东西全部卖掉。

6. 找一个更便宜的托儿服务，如日托或共享保姆。

7. 尽可能骑自行车上下班。

8. 减少度假，利用信用卡奖励支付假期费用。

9. 当房子的租约到期时，找个比较便宜的房子居住。

10. 寻找创造额外收入的可能性，比如我开始偶尔接一些零活儿，泰勒最大限度地利用她的佣金机会。

此外，我们必须算出我们花了多少钱以及这些钱花在了什么地方，我知道这会让人大开眼界。

总而言之，我们以前的生活就是即兴发挥式的。更糟糕的是，泰勒的工作是抽佣金的，而我是靠接项目赚钱，我们的收入非常不稳定。我们没有积极地储蓄以备不时之需，而总是选择不断透支。

我们乐观地相信我们以后会好的。回想起来，我们也是够幸运的了。我们的收入一直在增加，却没有遇到灾难性的经济损失。

在制订出可靠的 FIRE 预算之前，我们需要把目前的开支列出来。这不是我第一次试图审查我们的开支，但我总是把这件事看成噩梦般的苦差事，一拖再拖。

我想原因可能是这样的，一是自己害怕见到消费清单；二是觉得自己收入如此丰厚，不需要为细枝末节烦心。但这一次跟以前不同。

在 3 月初的一个星期六早上，以 FIRE 作为最终目标，我和泰勒花了三个小时审查我们的开支，一边担心最糟糕的情况出现，一边硬着头皮做下去。

里肯斯一家每月的平均开销

这是截止到 2017 年 2 月，我们每月平均开支的明细表。我们故意刨除了医疗保险以及州和联邦税收，因为这些已经从工资中扣除了（不是我们实际收入中的"支出"）。为了简化计算，在表中我们采取了四舍五入的方法。

项目	费用
房屋租金	3000 美元
照顾孩子的费用	2500 美元
汽车租赁费	650 美元
汽车保险和汽油费	600 美元
水、电和煤气费	150 美元
医药费	140 美元
手机通信和网络费	300 美元
杂货费	1000 美元
外出吃饭费用	1100 美元
划船俱乐部的会员费	350 美元
娱乐费用	450 美元
其他费用	100 美元

总而言之，我们家每月的平均开支为 10 340 美元，全年就是 124 080 美元。

我们的收入看上去不错，但实际上，我们跟月光族差不多。

长期以来，我一直忽视了这个事实，但现在白纸黑字摆在那里。这种生活方式是不可持续的，如果我们中的一个被炒了鱿鱼，或者出了意外，我们就会陷入严重的困境。

除了降低我们的总开支，我们的 FIRE 目标是让我们的价值观与消费方式保持一致。当我们看到清单时，有一点显而易见，我们对自己的未来没有尽到责任。

尽管，我和泰勒都崇尚简约主义，但实际上，我们在浪费金钱。这其实是"今朝有酒今朝醉"的表现。

用月开支除以三十天，可以算出我们平均每天花费 345 美元。之前，我们还稀里糊涂地花 750 美元买了地毯。我们在不需要的东西上花钱太多，从而剥夺了我们最想要的东西。我们用血汗钱换来的东西都堆积在屋子里。华而不实的家具、一款高档搅拌器、一台昂贵的平板电视、一瓶 50 美元的葡萄酒，这些东西不仅仅是数字。

平时，我觉得自己很节俭，但实际上并非如此。泰勒花钱去诺德斯特龙购买高档衣服和租豪车，我把钱花在昂贵的午餐、高科技产品和划船俱乐部的会员资格上。

我审视着我们每月 450 美元的娱乐支出。什么样的娱乐让我们花了 450 美元呢？我突然明白我们住在圣地亚哥，这里有很多户外活动。

我们每个月在食物上花费 2100 美元，相当于每天吃掉 70 美元。我最近读了一篇关于一对践行 FIRE 的夫妇每天在家做饭吃的文章，他们吃饭的开支每天不到 10 美元。我们要怎样把吃饭的开支从 70 美元降到 10 美元呢？看着这些令人尴尬的事实，我变得警觉起来。

我想：花 549 美元买一台搅拌器是合情合理的；我们需要两辆车，因为我们住在圣地亚哥！我知道的每一笔开销都能削减，唯有一笔不能削减，那是我们生活离不开的东西。

"不过，我们还在存钱，对吧？"泰勒问道。

我们在存钱，但存得不多。2016 年，我和泰勒税后总共赚了 14.2 万美元，我们的年度支出约为 13.2 万美元，这意味着那一年我们存了大约 1 万美元。我们每年存的钱差不多也就是 1 万美元。直到现在，我们总共有 19 万美元的存款，其中包括泰勒退休账户里的存款和我存入个人退休账户上的生意上的收益。

现在，我再也不能无视现实了。我突然明白了我们之前对理想生活的定义其实并不是一种健康的生活方式。

为了改变现状，我们需要跟踪我们的日常开支。我们用存款买了许多不必要的"很少用到的"东西，如我以前认为工作上会用到的无人机、为乔薇买的全新数字婴儿床等等。出于某种原因，我们从未考虑过这些"不寻常"的开支是我们每月预算的一部分，但从现在开始，我们需要考虑了。

我原以为这个测试会显示出我们是比较精明的购物者，只要稍加调整，我们就能轻松削减一半的开支。然而，我面对的是一个更加残酷的现实，我们远远偏离了轨道。

当我们考虑削减什么开支时，问题出现了。我俩不知道什么是更合理的生活方式。

我们在圣地亚哥的大多数朋友都和我们的生活方式相似，我敢打赌我们的开销比我们很多朋友的都要低！

另一方面，我也知道有的朋友的家庭生活费用只有我们的一半，甚至是一小部分。他们是怎么做到的呢？他们是从哪里开始削减呢？如果我们想尽快达到财务自由的目标，我知道我们必须把开支削减到极限。

于是，我们决定将重点放在吃饭上。一个家庭在博客上写，他们每年只在外面吃两次饭。布莱德在播客中提到，他的妻子学会了做饭，每人每天的伙食费只需 2 美元。皮特·钱胡子先生不断地怂恿他的妻子去好市多①。这些建议的目的很明确，停止去外面吃饭，开始在家做饭，并批量购买。

在那之前，我早上总去喝杯咖啡，吃一份三明治，这是我每天的第一笔开销。我不应该去买咖啡喝，因为我们公司向所有员工免费提供咖啡和冰露。自此之后，我便开始逛好市多囤鸡蛋和玉米饼，自己制作早餐卷饼，然后带到公司吃。

为了弄清楚这个改变对我来说到底有什么"价值"，我用财务顾问创造的"拿铁因素计算器"开始计算。该计算器似乎量化了长期的细琐开支。从本质上讲，它告诉你同样多的钱，如果用它投资（并赚取复利）而不是花掉，在同期能赚多少钱。

如下便是我改变习惯之前，在星巴克的花费：

每天去星巴克喝咖啡和吃三明治的月开支：160 美元

年平均费用（160 美元 ×12 个月）：1920 美元

30 年的费用：57 600 美元

如果将这笔钱投资，30 年的收益是（假设有 5% 的回报率和复利）：133 161 美元

---

① 好市多是会员制仓储批发俱乐部的创始者，成立以来即致力于以尽可能的最低价格提供给会员高品质的品牌商品。

接下来我们考虑午餐和晚餐。多年来，我和泰勒几乎每天买午餐吃，晚上选择叫外卖。

我们甚至从来没有想过做饭，我们只是认为我们不该在家里吃饭。现在，我们打算反其道而行之。

我开始做丰盛的晚餐，以便第二天我可以带剩饭去上班。

我们制订了就餐计划，尽可能多地在好市多买食材。整合去副食店的次数，批量购买，只买我们列表里有的。这些小举措似乎无足轻重，但日积月累却节省了大量的开支，这让我们惊愕不已。

其中最有趣（完全出乎意料）的结果是自从我开始带午饭去上班，我的同事们纷纷开始问我为什么。

他们注意到我身上发生了巨大的变化。以前，我每天去星巴克买午餐吃，现在喝免费饮料和咖啡，吃特百惠的打折饭菜。

我发现大多数同事的生活都比我想象的更加节俭。我一直认为，我俩在南加州生活的开支已经很低了，无法再削减了，但事实却不是这样。大多数和我一起工作的人每天都带午饭来公司，他们在如何削减食品开支方面确确实实也给了我许多建议。最主要的是，我开始跟同事谈论 FIRE 给我的生活带来的激励作用。

最棘手的事情也发生了。我的大多数科罗纳多朋友从事的工作都有很高的技术含量，因此我们经常选择去酒吧或餐馆聚餐放松。通常，我们会把聚餐看作一件大事，所以经常尝试最新式的餐厅。即使餐馆不算很豪华，我和泰勒一顿也要花上 70 美元，一个月去个五六次，就是一笔很大的开支。

自从"FIRE 谈话"以后，面对朋友们的几次饭局邀请，我们要么推荐便宜的餐馆，要么邀请他们来我们家吃家常便饭，但并不是所有朋友都喜欢这样。

第一次遇到问题是在某一个周末，朋友乔什和斯蒂芬邀请我俩去吃寿司。

他俩都身居要职，显然比我们赚的钱更多。他们住在一个能够欣赏太平洋海景的漂亮房子里。

在践行 FIRE 之前，我和泰勒都不会在意寿司晚餐每人 80 美元的开销，但现在如果沉浸其中，我们就会有种要放弃践行 FIRE 的感觉。

我试图建议乔什去吃便宜点的东西。我给他发了短信，建议去他家附近的一家休闲餐厅，他说他们上周刚去过那里。我邀请他们到我家来，他说他们真的很想吃寿司。

后来，泰勒建议："这样吧，我们去吃寿司，但要少订餐好吗？"他们同意了。我们打算离开家之前吃点零食，这样我们届时就不会饿了。

当斯蒂芬建议买一瓶酒时，我和泰勒拒绝了。对此，我感到很尴尬。以前聚会时，我想要什么就买什么，现在却如此严于律己似乎有些不合情理。

不去参加聚会就会给人留下吝啬的印象，我们不想这样做。新发现的节俭的生活方式让我们感到骄傲，但我却没有勇气告诉他们。

在开车回家的路上，我问泰勒她是否和我一样感到尴尬，她却说这顿饭吃得很好。她根本不在乎我们在吃什么，因为重点是花时间和我们的朋友在一起。

但她也一直在想，我们这样做的目的无非是为了少花钱，朋友会怎么看我们呢？以后，我们要么找借口躲避这类聚餐，要么向朋友说出实情，以免造成误解。

躲避不是好办法，因为那样，我们见到朋友的机会就会减少。说出实情是对的，这样，朋友们也许会站在我们的角度去选择便宜的消费地点，比如在家聚餐。也许我们太天真了，但我们希望朋友也加入我们，一起登上 FIRE 之旅的列车。

总的来说，减少食物开支并不像我们想象的那样痛苦。

事实上，到 3 月底，我们都觉得 FIRE 比预想的要简单得多。我们在周末骑自行车出游、吃剩饭剩菜、在家里请朋友们聚餐。

现在我们已经解决了小问题，我们知道做出更大改变的时候到了。

第五章

宝马车和划船俱乐部

我和泰勒听说 FIRE 之前就知道"宝马传奇"了。实际上，从乔薇出生时就知道。

在那之前，泰勒开着 2010 款的雪佛兰探界者轿车。这是一辆性能可靠的车，但我和泰勒都养成了过几年就升级汽车的习惯。

当然，现在，我认为这是绝对没有意义的。为什么要抛弃还没有坏掉的东西呢？

大多数汽车能使用十五年或二十年，为什么只用了四五年的车就不开了呢？但当时，我们不这么想。

我们的理由是我们需要四轮驱动的车。当一辆车开了十万英里以上时，它在高速公路上的表现就值得怀疑。我需要一个新的导航系统，我想要带天窗的车，当然，我们都喜欢开漂亮的新车。

在乔薇出生几个月后，泰勒提出想换一辆新车，我并不感到惊讶。

我最近刚刚租了更新款的马自达，每月 250 美元的租金太便宜了。但当她说她要一辆宝马的时候，我吃了一惊。我想我们不是痴迷于炫耀宝马标志的人。我们更需要实用型的马自达或斯巴鲁，但泰勒很固执，她就要宝马。

我们一致认为我们每月最多只能支付 400 美元。如果她能以月租 400 美元的价格租到一辆宝马车，就圆了她的宝马梦。但我知道，这么低的租金在本州的任何地方都不可能租到宝马车。我希望她会知难而退，改租一辆负担得起的汽车，像中型 SUV，乔薇上下车都会很方便。

一周后，泰勒开着一辆黑色的 2015 款宝马 3 系 GT 掀背车驶入了我们家的车库。

宝马是少数几家愿意提供二手车租赁服务的制造商之一，泰勒碰巧发现了一辆旧宝马。她交了 2000 美元的首期租金，月供 401 美元。那天，我得到了宝贵的教训。我妻子几乎可以克服任何障碍，不管概率有多小，她都面带微笑。

既然，我们做出了承诺过简朴的日子，很明显宝马车是首先要抛弃的奢侈品。然而，当我向泰勒提出 FIRE 时，她明确说在宝马车的问题上没有商量的余地。

从那时起，她就拒绝讨论此事。如果我想让我的妻子与我共同践行 FIRE，我就不能提到"宝马车"这三个字。

我知道如果我想劝泰勒重新考虑租赁宝马的决定，我自己首先要取消我的划船俱乐部会员资格。我得让她看看，为了家庭的利益和践行 FIRE，我愿意牺牲带给我巨大快乐的东西。

当我和泰勒初到圣地亚哥时，我们计划在水上冲浪、划船、划独木舟和游泳，但这些都没有实现，我们的工作太忙了，根本没有时间做这些事情。

我曾梦想拥有自己的船，但我的梦想已经被现实击碎了。我没有时间，但我不在意每月 500 美元的费用。

当我想加入划船俱乐部时，我对泰勒说："每天早上，我开车穿过科罗纳多大桥看着美丽的大海，都会想到我梦寐以求的船，我都快想疯了。我这么拼命工作，总得犒劳犒劳我吧。"

我想参加的划船俱乐部允许会员走到符合需要的船上欣赏日落，沿着九英里长的海岸巡游。在水上玩了一天后，会员们可以把船停靠在码头上，跳下船。

无须维护，无须清洗，不浪费时间。你只需在使用船时支付汽油的费用。另外，你可以在全国各地的附属俱乐部享受同一服务。当时，这对我们这个忙碌的、喜欢旅游的家庭来说是完美的选择，我们要享受划船的乐趣，却不想承受船的所有权带来的负担。

我是对的，这个会员资格真是太棒了。曾经，我带着我的客户去海湾，我和泰勒带着乔薇出去野餐，晚上和朋友们一起钓鱼。这是我花在自己身上的最值得的钱，老实说，我无法想象放弃它。但既然我们践行 FIRE，每一笔开销都必须严格把控。

令人沮丧的是我已经投入了 6000 美元用来支付最初的会员费用，这是每月费用之外的一次性费用。如果我放弃会员资格，那就是浪费钱。经济学家称之为"沉没成本误区"。

定义：沉没成本误区

"沉没成本误区"是刚刚尝试 FIRE 的人们普遍面临的一个问题。人们想在汽油上少花钱，却不想卖掉他们那辆费油的卡车，因为卡车已经贬值了很多。人们想搬到更小和更便宜的公寓去住，但他们拒绝搬家，因为刚买的新家具放不下。也许你的衣橱里挂着一件价值 200 美元的夹克，即使它不再适合你，你也不忍心把它扔掉，因为那是你花了大价钱买的。

沉没成本误区就是指当你对某商品赋值时，你的依据是当初购买该物的价格，而不是其目前的实际市场价值或将来的价值。

事实上，那笔投资已经没有了，因此，在决定是否丢弃某物时不要把当初的投资考虑进去。你夹克的价值不再是 200 美元，寄售商店给出的价格才是目前的实际市场价值。

除了帮助我识别沉没成本，FIRE 机制也帮我有了新的判断。我想要划船俱乐部、宝马车、健身房配件、无人机，还是想在十年后实现财务自由？这件商品或这项服务是我的生活中的头等大事吗？如果是的，它比在预期内实现财务自由更重要吗？

在 4 月初一个美丽的星期六，大约在我和泰勒开始我们的 FIRE 之旅五周之后，我最后一次带全家出海。

圣地亚哥的下午，室外温度二十二摄氏度，阳光明媚。在卡布里洛岛的码头，我们跳上了二十英尺高的飓风汽艇，缓慢驶入圣地亚哥湾。我和泰勒喝了几瓶我们最喜欢的本地啤酒，为我们在圣地亚哥湾度过的美好时光干杯。

太阳落山时，我们经过了"中途岛号"航母博物馆，眺望着美丽的市中心天际线。我看着泰勒在后甲板上与乔薇追逐嬉戏，心想，虽然我留恋海上游玩的快乐时光，但如果我能有更多的时间跟家人在一起，舍弃会员资格也值了。至少，我希望如此。

　　"亲爱的,"我深吸了一口气说,"我们要谈谈宝马了。"

　　一周前我取消了划船俱乐部的会员资格,从那以后,我一直不敢提及宝马的事,但我知道不能再拖延了。

　　即使取消了划船俱乐部的会员资格,大幅度削减了我们的娱乐预算,放弃了亚马逊购物,我们每月的平均花费仍然超过 8000 美元。

　　我想让我们成为只有一辆汽车的家庭。为此,我决心不再开车上下班,而改为骑车上下班。我们只花了 250 美元租赁马自达,所以,我们应该放弃宝马车及因它带来的每月 400 美元的租金。

　　我提到宝马的时候,泰勒并没有表现出激动的样子,当我明确地说我不会逼她做出任何她不想做的决定时,她同意讨论一下。

　　薇姬·罗宾是 FIRE 的先驱之一,在她与人合著的《要钱还是要生活》一书中写道:"你应该这样评估你所买东西的价值:将这些东西为你提供的满足感与你为买到它们而付出的工作时间进行比较。在你的有生之年,你能买多少呢?"

　　泰勒同意这种看法,于是,我指出,大多数豪华跑车的"价值"在于它们的大马力动力输出引擎,然而泰勒却不使用涡轮增压功能。

泰勒回答说她真的很喜欢开宝马。开宝马对她来说很重要，宝马给她带来了幸福，她愿意在其他任何方面削减开支，但她不想舍弃宝马。

我认为开宝马是违背 FIRE 原则的。即使我知道泰勒在感情上对宝马有多么不舍，我还是觉得不能就此打住。最后，我问她："亲爱的，你这是怎么了？你从来都不是开跑车的人，而现在你紧紧抓住强劲引擎和真皮座椅不放，这是你的人生使命吗？这不像你的性格啊！"

"你看，"她说，"我拼命工作，我的大部分时间都过得紧张而疲惫。我想全天候陪伴乔薇，可我做不到。到月底时，我们的钱所剩无几，我需要以某种方式证明我们的钱花在了什么地方。我需要一种借口，这一切都是有原因的。当我看到宝马的时候，我就明白我为什么要这样拼命工作，我就能享受这个小小的胜利的喜悦。"

我明白她的意思。当我买了一部新手机或一张昂贵的音乐会门票的时候，我也那样想过，但这些奢侈品都是用我们多年的拼命工作换来的呀！

我知道我必须做什么，我拿出了退休计算器并向她展示了保留宝马对我们的退休日期意味着什么。如果我们保留宝马，每年要支付 4812 美元的费用（租金是每月 401 美元），将其计入我们 6 万美元的年度支出预算中，我们实现 FIRE 的时间要延长十八个月。这意味着我们无法陪伴乔薇的日子要延长一年半。在这一年半的时间里，你要参加各种无聊的会议，还有赶时间上班，即使是皮制座椅也不能证明多工作一年半是合理的。

泰勒无言以对。"你确定算出的数字是正确的吗？"她问我。下面是我给她看的数字。

不开宝马的退休时间表

退休时间：11 年后

年储蓄率 58%

年支出 60 000 美元

年储蓄 82 000 美元

月支出 5000 美元

月储蓄 6833 美元

开宝马的退休时间表

退休时间：12.5 年后

年储蓄率 54%

年支出 64 812 美元

年储蓄 77 188 美元

月支出 5401 美元

月储蓄 6432 美元

几天后，泰勒把汽车信息贴到了二手车租赁网站上，我们花了几个月的时间才找到了租赁的人。

交车那天，我们俩眼睁睁地看着那个人把宝马车开出了我们的车库。

宝马车自此远离了我们的生活。之后的几个月，泰勒常常跟我聊起她是多么爱那辆宝马，多么怀念驾驶它的乐趣。但她也说，一旦她明白了她为宝马付出的时间成本，她就不后悔放弃宝马了。

看到她的转变，我很惊讶。当我们向一个刚认识的人解释我们新的生活方式时，泰勒就把宝马的事讲出来。那是我们为了践行 FIRE 所做出的选择，放弃宝马对我们的未来影响很大。

起初，我常常在追求 FIRE 的过程中感到孤独。我焦虑的是，我是那个总是对开支说不的人，但我不想成为讨厌玩乐的代言人。仅仅几个月后，泰勒就兴奋地与他人分享她放弃宝马车的事儿，这让我稍稍地感到了放松。

在财务自由之旅中，这样的故事，我已经听了一遍又一遍。有时候，人们不愿放弃他们每天都在享受的奢侈品，也许是湖边的别墅，也许是私人教练，也许是带游泳池的房子。但只要明白了自己将为此工作多久，他们就（迟早）会很愉快地决定放弃掉奢侈品。

我也明白了，我们的家业不仅仅是一件物品，它们在我们的生活中是有意义的，就像我的划船俱乐部会员资格，就像泰勒的宝马。那晚，我们的宝马被开走时，泰勒转向我说："当我看到那个家伙把车开走的时候，我很伤心。但伤心与汽车无关，而是与我有关，就好像一部分旧有的我选择离我而去了。"

我完全理解她的心情。在过去，当我和泰勒为寿司约会花掉几百美元，或者我为马自达购买车顶行李架以便携带冲浪板的时候，我觉得这一切都象征着我们的某种成功、某种充满乐趣的生活以及我们夫妻间的恩爱。

现在，我选择用一种全新的方式来看待我们的决定。我们不再把时间和金钱花在类似的事情或项目上，因为我们把眼光放在了长远的幸福上。最困难的是坚持到底。

FIRE 购车指南

在崇尚财务自由的群体里，买车像购买大多数商品一样，有一个符合FIRE标准的方法。这是一套久经考验的真实流程，该流程综合了三方面：自我反省、所持现金和信息分析。

当然，这并不是说你必须遵循这些指导方针做出相同的选择。很多践行 FIRE 的家庭有两辆车，甚至坚持开高油耗的汽车。这都很正常，只要你能有意识地将你的幸福最大化就行。

　　自我反省的第一步，是诚实地面对你对汽车的真正需求。哪些功能是必要的，哪些功能只是为了好玩？你可能会发现你需要那些更简单或更小的车，而不是你想象中的那种豪华大排量的车。想一想，你多久使用一次天窗，或者涡轮发动机？

　　第二，多使用现金购买，避免贷款或租赁。用现金买车有两个好处。一是降低成本（因为贷款和租赁增加了成千上万的利息和额外的费用），它还会给你讨价还价的机会。二是可以向私人卖家购车，不会受融资困扰。

　　正如钱胡子先生在《聪明人首选的 10 辆汽车》中指出的那样，大多数人使用社会新闻上流传的信息来决定买什么车。他们有一个朋友，他的起亚抛锚了，所以他们不打算再买起亚的车了。其实，买到一辆可靠汽车的关键是丢掉所有的道听途说，去寻找一个收集了成千上万人数据的信息源。

FIRE 故事：托德，纽约
在大城市里践行 FIRE

　　财务自由前的职业：销售

目前年龄：三十岁

预计财务自由年龄：四十岁

目前年度支出：11 万美元

FIRE 对我来说意味着什么

对我来说，FIRE 意味着想什么时候起床就什么时候起床，全天都属于自己。

我想要更简单的生活，我想有更多的时间跟我的家人一起度过。我想有发展自己爱好的自由，我想有寄情山水的自由，我想有选择什么都不做的自由。每一个周末都令人期盼，谁不喜欢周末呢？我想创造这样的一种生活方式，让每一天都成为周末。

我的 FIRE 之路

我和妻子夏洛特在 2008 年经济衰退期间毕业。我们的年收入加起来是 52 000 美元。我们都在一直以来收入较低的领域工作（体育和艺术）。我们从来没有专注于高收入的工作，因为我们一直"追随我们的激情"。

我们都意识到这种工作意味着远离朋友和家人，回报不多。所以我明白，几年后，我们要转向能更好地平衡工作和生活的职业。

一转眼，几年过去了。随着事业的发展，我们赚的钱更多了。我想充分利用我们的收入，偶然在网上看到了 FIRE 的链接，我就点击进去了。

当我第一次听说 FIRE 理念的时候，我觉得它绝对是可笑的。赚取"正常"收入的人怎么可能在六十五岁前退休呢？

当我坐下来花了一个下午的时间，首次审视那些数字的时候，我惊讶地意识到，尽管我家的情况很特殊（高生活成本地区，还有几个孩子），但从理论上讲，这个概念似乎是可行的。

简而言之

√ 2008 年毕业正赶上经济衰退，我们的收入分别是 2.7 万美元和 2.5 万美元。

√ 当我们在二十九岁发现财务自由理念时，我们的资产是 17 万美元。三年后，几十个微小的变化使我们将资产提高到了 57 万美元。

√ 我们一直有意尽早做出重大的人生决定（买车、买房、结婚、生孩子），这些都是意料之中的大事，我们在心理上和经济上都准备好了才去做。

√ 我们过着正常的生活。我们的目标是把钱花在正经事情上。我们会问这样的问题："它能增值吗？它会使我们更快乐吗？"

最难的部分

对我来说，追求 FIRE 最难的部分是在日复一日的真实世界里，我常常有些孤独寂寞。

公开谈论收入问题是一种禁忌，甚至在亲密的朋友之间也是一个极具挑战性的话题。对 FIRE 理念守口如瓶是不可能的，但几乎每次提及 FIRE 总会导致朋友们开始讨论他们的经济状况。这就是践行 FIRE 具有挑战性的原因。

最好的部分

现在，我们已经践行 FIRE 好几年了。我们的 FIRE 计划得到了充分的实施，初见成效。最终结果肯定会让我们受益匪浅，一直按 FIRE 理念生活也让我感到其乐无穷。FIRE 是一场马拉松，如果我能践行 FIRE，我真的觉得在我的余生里，任何事情都是有可能的，这是一项终生运动。

我给您的建议

找一个尊重员工，提供挑战性工作及其相应补偿的公司，用余生去追随你的激情吧！

第六章

再见，科罗纳多

2017 年 8 月 8 日，距第一次听到 FIRE 已经过去了五个月零二十六天，我又一次开车驶过科罗纳多大桥。但这一次，我不是去办公室上班，而是带着泰勒永远离开了科罗纳多。

做出离开加州的决定很突然。但几年来，我一直觉得加州已从我们的梦想乐园变成了我们长远目标的障碍。践行 FIRE 以后，我们越发明白我们需要在别处过更丰富多彩的生活。

取消划船俱乐部会员资格和抛弃宝马打消了我们做出重大改变时候的犹豫。我们在家里找寻可以变卖的东西拿到易趣网上去卖。我们绞尽脑汁，想办法减少每月高达 2500 美元的育儿费用，比如把乔薇送到日托去，每月可节省 700 美元。但我有一个想法一直挥之不去。在科罗纳多生活的成本太高了，如果能全面削减生活成本，我们会加速实现 FIRE。现在面对开销巨大的东西，我们越来越没有耐心了。

这并不是我们第一次试图寻找一个更实惠的生活环境。

2015 年初——我们搬迁到加州几年后，那时我们还没有听说 FIRE，我和泰勒决定买房子。房价上涨的速度很快，利率却处于历史最低水平。

每个人都劝我们赶快买房。我们想要孩子，我们在科罗纳多租的一居室只有六百五十平方英尺，虽然对两个人来说是完美的选择，但有了孩子就太小了。再说，作为一个普通的家庭，我们也应该买房了。

我们开始在科罗纳多看房，一居室公寓的售价约为 70 万美元。即使我们的收入不菲，存下我们需要的首付款似乎也是不可能的，更不用说通过大额贷款的审批了。

科罗纳多其他地方的房价也一样昂贵，附近的海边小镇卡尔斯巴德和恩西尼塔斯的情况也差不多，一间公寓的售价约 60 万美元。

我对泰勒说："我们只要再往东搬到圣地亚哥就行了，那里离科罗纳多只有几公里，在那里，我们能买得起一套更实惠的房子。"

事实证明，这种想法极其错误。我们想买一套 50 万美元以下的房子，但我们很快发现这意味着远离我们的朋友和海洋，还有通勤距离加长。这令我们非常沮丧。

最后，我们发现了一份购房目录，上面的独立产权公寓报价相当接近我们 50 万美元的预算。房地产经纪人说房间距海滩只有几步之遥。我们到了才发现房子坐落在两条繁忙道路交叉的十字路口地带，去海滩只能从六车道的高速公路下通过。

自从互联网出现以后，这套公寓的地毯就没有换过，油漆也没有重新刷过，客厅残留着狂野派对和饮酒留下的痕迹。很显然，这房子只适合单身汉和冲浪者居住，因为他们不会介意噪声、交通、空气质量甚至洗衣房的嘈杂声。如果只是为了 50 万美元的低价，我们可以买下这套房子！

当时，我们真心想买房，甚至考虑过出价，但最后都不了了之。第二天，这套房子收到了五份现金报价。事实上，在我们想买房的那一年，我们大约给出了十个报价，从来没有一个报价被接受过。

我们一度发了疯，给一套房子出价 68 万美元想看看会发生什么，我们依然没有得到它，所以，我们放弃了买房。最终，当乔薇出生时，我们只是租了一套更大的、有三间卧室的房子。

　　现在，正在争取财务自由的我们，需要重新考虑在哪里买房。如果，每个月要为住房花 3000 美元，我们为什么要租房呢？

　　我们开始在齐洛网^①上仔细搜索，这好像成了我们的全职工作。我们把搜索范围扩大到加州附近的地区和小镇。其实，以前我们从来没有想过我们会在这些地区定居。

　　我们不再在乎院子、面积、安全、学校，只要有自来水就行！我们降低了预算，我们不想再花 50 万美元买房子了，超过 40 万美元的房子一概不买。我们考虑过买套复式公寓，自己住一套，把另一套租出去。我们讨论过把闲置的屋子租给别人或前来度假的旅行者，也许我们需要降低对住所的要求，搬回公寓。

　　后来有一天，我开始研究这个国家的其他地区，包括我的故乡爱荷华州。我知道哪些地区的房价更便宜，但我不知道到底便宜多少钱。原来用不到 15 万美元，我和泰勒就可以买一套带四间卧室的房子。这听起来更像我读过的文章里那些人说的话。FIRE 最适合那些居住在低成本的农村地区和较

---

① 齐洛网原名 Zillow，是一家提供免费房地产估价服务的网站，创建于 2006 年，主要向网民提供各类房地产信息查询服务。

小的中西部城镇的人，这是有道理的。

就业机会是住在大城市的最大优势之一，而一旦获得了财务自由，人们就不再需要这一优势。

此外，在偏远地区工作绝不可能拿到大城市的薪水，当然，那里的生活费用会低得多。

我给泰勒发了一篇文章的链接，文章讲的是城市人生活在消费成本最低的乡村。"看出什么来没有？"我问她。没有回复。

相反，泰勒给我发来了一条链接，打开一看，是售价高达40万美元的加州的破旧公寓。我回复了一些链接，那是其他城市里美丽的现代化住宅，售价同样是40万美元。就像在宝马问题上一样，我们又有了分歧。泰勒并没有放弃留在加州的愿望，于是我有一种预感，将来我们肯定免不了买一套价值四五十万美元的破旧公寓。

践行 FIRE 的人只能住在低消费地区吗？

刚开始写作本书时，我曾认为必须要生活在消费成本较低的地区才能践行FIRE。谢天谢地，我后来遇见的许多人表明，在任何地方都有可能实现FIRE，关键在于你如何生活。当然，大城市的住房和托儿费用要高得多。但正如受欢迎的丽兹·泰晤士向我们解释的那样，城市生活的某些优势，公共交通、适宜步行的社区、便宜的副食品、免费的娱乐，都可以帮助平衡这些成本，这取决于你本人优先看待哪些事项。

我仍然认为如果你生活在一些生活成本高的地方，追求FIRE 会更难一些。你必须拒绝音乐会、外出就餐和其他昂贵的娱乐活动，因为它们可能会转移你对节俭生活方式的注意力。就我们的经验而言，我们花了很多钱住在科罗纳多，却没有很多足够明显的好处（除了靠近海滩）。

这里有我们的工作、家庭和因特网，但在其他地方也能有。如果你不能随意搬家或者去边远地区工作，请别担心。好消息是无论你住在哪里，都可以追求 FIRE。

如果不是我想拍一部有关 FIRE 的影片的话，我和泰勒可能还在纠结在圣地亚哥买房的问题。这一切都始于 2017 年3 月。那天，我正在和客户谈论在传播大胆的理念方面，纪录片是一种强大的工具。我还列出了那些影响了我的世界观的纪录片：《极简主义：记录生命中的重要事物》《180° 以南》《难以忽视的真相》，还有 2014 年我自己制作的纪录片《无中生有》。

突然，我的眼前一亮！挂断电话后，我在谷歌上搜索与FIRE 有关的纪录片，找到了一个名为《与 FIRE 有关的纪录片》的帖子，但只有《极简主义》和一部名为《斯露莫》的短片。《斯露莫》讲述的是一位医生辞掉工作去滑旱冰的故事。我还找到了一些有类似主题的纪录片，比如微小的住房或退休危机，但都没有涉及具体的 FIRE 运动。

这真的让我很惊讶。在我写作本书时，我知道钱胡子先生的粉丝已经达到了 2300 多万人，还有近 40 万人对财务自由提出了质疑。这显然是一个方兴未艾的运动，那为什么没有纪录片来传播其信息呢？

我立即有了一个想法——导演和制作一部关于 FIRE 的纪录片。毕竟，我对 FIRE 的理念感到很兴奋，我职业生涯的大部分时候都在制作视频。我想象着飞遍全国采访我在文章中读到的人物：钱胡子先生、节俭树林、薇姬·罗宾等等。

然而，我知道这可能是不现实的。如果不是几周后我和珍，我的岳母，一起共进午餐，拍纪录片的想法可能不会被我当真。她是一位气场强大的老板和企业家。吃午餐的时候，我不知不觉地哀叹自己命运不济，怀才不遇，倾诉自己多么不情愿为别人工作。

"那你为什么接受这份工作呢？"她问我。

我回顾了此前发生的一切。我的视频制作公司因为合伙人退出而倒闭。于是，我去了一家创意公司工作。我有稳定的收入来源，我和泰勒不能没有这份工作，一是因为乔薇的出生，二是因为科罗纳多的生活成本太高。然而，我开始意识到我多么想成为一名成功的企业家，当不了企业家，活着都没劲！

我坐在岳母对面，忽然哭了起来。我想把眼泪擦掉，但眼泪还是不停地流了出来。

"我真的不开心。"我告诉她。

我想得到的都得到了，一个健康的孩子，一段美满的婚姻，在一家前景看好的公司担任高级职位。但我感觉自己被束缚住了。我不想承认这一点。我觉得自己陷入了困境之中，我应该想办法来解决它，但事实是，我太痛苦了，我需要别人指点迷津。

珍把手伸过桌子，捏了捏我的手腕。"先把你的啤酒喝了，"她说，"我来买单，然后，我们去散步。"

在我们散步的时候，我给珍讲了FIRE的事，并告诉她我们如何努力以改变以往的生活方式，但每年都有新的更大的开支。我说我很想返璞归真，想有更多的时间享受天伦之乐。我提到了我想制作一部关于FIRE的纪录片，都快想疯了。

最后，她看着我说："斯科特，这就是我不明白的地方。如果你想辞职拍这部电影，你还在等什么呢？"

我知道我在等待什么，一份许可。是时候，跟泰勒谈谈辞职的事了。

当我把跟岳母说的事情告诉泰勒时，她没有像我想象的那样惊讶。原来，她已经注意到我无精打采、万念俱灰的样子了。

　　她后来告诉我，自从我的生意倒闭以来，我总是阴沉着脸在地板上踱来踱去。其实，我一直小心翼翼保守的秘密就是昨天跟岳母说的事情。

　　她说如果我辞掉工作去拍那部纪录片，她会完全支持这个决定。然后，我提到了我一直在考虑的一个想法。我辞职后，想带一家人离开加利福尼亚，用一年的时间周游全国。我们可以一边走亲访友，一边拍纪录片，这样就可以省下一大笔租房费用和育儿费（因为我和我们的父母可以照看乔薇）。

　　泰勒可以继续远程工作。在此期间，我们可能会找到一个生活成本更低的城市居住，就像科罗纳多一样让我们倾心的地方。我不会说谎，泰勒对旅行和搬家的想法没有那么热心，但她同意考虑一下。

　　4月底，经过几周的讨论，我和泰勒带上乔薇骑自行车去科罗纳多的公共游泳池给她上"游泳课"。这意味着我们要抱着一岁半蹒跚学步的小孩儿在水里扑腾。

　　这是加利福尼亚一个完美的春天的清晨，闻着海风，我环顾欣赏这个我们住了多年的小镇。说实话，我们已经爱上了它。也许留下来也不是坏事，我心想。

虽然，我们需要工作更长的时间才能实现 FIRE，但也许，我能找到减少焦虑的方法。就在这时，泰勒转头对我说："我想我已经准备好了，可以搬家了。"

我差点从自行车上摔下来。刚才发生什么事了？！泰勒解释说她一直在想，既然她那么喜欢跟我和乔薇一起轻松愉悦地游玩，而搬家又能让她有更多的自由时间、早退休几年，那么何乐不为呢？

此外，她的工作在任何地方都可以进行，而我目前的工作让我不开心。她还意识到，如果我们一边周游全国一边工作，就可以节省很多钱，当初抛弃宝马也是出于同样的顿悟。

一回到家，我就开始了计算，前提是与朋友和家人住在一起，并长期租房住。假设泰勒继续工作，我当自由职业者，旅行十二个月就可以节省 5 万美元！这比我和泰勒在五年里存的钱还多！这笔钱足够付新房子的首付款了。

泰勒一同意为期一年的旅行，我们的计划很快就成形了。我们坐下来，罗列了我们在旅行之后想定居的理想城市的先决条件。它必须有较低或合理的生活成本、靠近大型机场、有充足的阳光、人口在 10 万到 25 万之间——这样的规模，大的好处是就业多并且有良好的文化氛围和发展前景；小的好处是走亲访友方便。还要有高水平的学校、开车半小时就能到达的多种户外活动地点。

最后，因为泰勒的工作关系，定居地必须在密西西比河以西。经过再三考虑之后，我们把选择范围缩小到以下几个地方：

俄勒冈州的本德

科罗拉多州的柯林斯堡

爱达荷州的博伊西

斯波坎的华盛顿

接下来，我们必须和房东谈谈。当时，我们租期两年的房子刚刚住了六个月。如果我们没办法终止租约，我们将不得不重新考虑自驾游。我们料到房东会不高兴，于是，我们演习应该怎么对付她。

我们邀请她过来喝酒并把我们的整个计划和盘托出。FIRE、旅行还有纪录片，并且告诉她我们认为这是陪伴女儿的最好方式。

我们答应帮助她找到新的房客，甚至给她更多的违约金

（因为我们已经与人达成了协议）。然后，我们静候佳音。她会同意吗？

令人惊讶的是，她对 FIRE 的兴趣远大于租约。在问了我们一堆问题之后她说："你们需要这么做。别担心房子的事。"这感觉就像一个奇迹。

这是第一次（但不是最后一次）我们看到了他人认同 FIRE 的理念。收回属于你的时间，和你的家人在一起，发现生命的意义，无论他们的经济状况如何。

后来，当我们准备睡觉时，泰勒看着我说："我们真的要这么做了吧？"得到房东的祝福让整个决定显得非常真实。

我不想向泰勒承认我很害怕，因为是我对 FIRE 的痴迷把我们引到了这条路上。我们在婚姻中一起经历了很多冒险，但从来没有过这样的事。我和泰勒都喜欢圣地亚哥，我们在这里开始了自己的生活。我们有朋友，有职业关系网，我们的孩子就在这里出生。如果 FIRE 不成功怎么办？如果 FIRE 给我们带来痛苦怎么办？

最后一步是确定出发日期。我渴望开始。在某种程度上，我们不想退缩。我建议 6 月 15 日出发，也就是大约五周后。泰勒认为有点太匆忙了，她建议 1 月 1 日出发，也就是八个月以后。

"我等不了那么久，"我承认，"坐着等待已经很痛苦了，而且越等待，退休的时间越延迟。既然我们已经决定了要走，我想趁早迈出这一步。"最后，我们彼此都做出了让步，将我们的正式出发日期定在了 2017 年 8 月。

斯科特和泰勒的旅行计划

我们希望在这一年的旅行中既能省亲访友、探索新的城市，又能玩得开心。

休息一年，开车周游全国是个难得的机会。我们要充分利用这次机会，同时也要认真寻找我们的新家。我们也想在旅行中留出一些自由时间以便应对临时的突发状况。以下，就是我们最初制订的旅行计划。

2017 年 6 月初——拜访华盛顿州斯波坎的朋友。

8 月——离开圣地亚哥！开车去西雅图看望泰勒的家人，同时游览本德。

9 月——住在西雅图泰勒父母家，免租金。

10 月至 12 月——住在爱荷华州斯科特的父母家，免租金。

10 月——去厄瓜多尔的乔托夸（财务自由者的静修所）。

12 月中旬——回西雅图与泰勒的父母一起过圣诞节。

2018 年 1 月——在博伊西租房住一个月。

2 月——在本德租房住一个月。

3 月——在柯林斯堡租房住一个月。

4 月至 6 月——在夏威夷为人看家。

7 月——在新的城市买房子并安顿下来。

我们花了几周的时间才确定了最终的旅行计划，到了 6 月初，就只剩下收拾行李并与我们的朋友告别了。

我们很快发现，不同的人对节俭生活和提前退休的理念反响各不相同。当我们向大家宣布我们的计划时，大多数朋友真的很支持，但有些人对 FIRE 的理念持怀疑态度。

有些人认为我们离开美丽的科罗纳多是疯了，有些人对我追求创造性的项目和放弃朝九晚五的工作羡慕不已。很多朋友跟我们讲述了，他们住在生活费用如此之高的地方试图节省金钱时遇到的挑战。每个人都提供了一个朋友或亲戚的住址，让我们在旅途中落脚。当然，并不是我们认识的每一个人都对 FIRE 感兴趣，但得到朋友们的支持让我心情大好。

当我递交辞职申请书时，老板问我是否愿意在每周例会上向我们的小团队发表讲话，让他们知道我要辞职及辞职的原因。这是件伤脑筋的事，因为那是我第一次在大庭广众下阐明这个项目及其背后的 FIRE 理念。

我想象着同事们会嘲笑我的项目，他们会对我为了一个不靠谱的计划而辞职、举家迁移的行为翻白眼，但总的来说，大家的反应还不错。

几天后，一位同事甚至告诉我，她也有过类似的想法。她想辞职去开创自己的事业，她要看看过节俭的生活是否会让她早日实现自己的梦想。

收拾行李又一次提醒了我们，我们的生活方式与 FIRE 的理念相去甚远。我们捐赠或者卖掉了很多前年才买的东西。

我们在车库里发现了一些原封未动的东西，上面还贴有标签。为什么我们买两个梯子呢？为什么买三个不同的高档开酒器呢？为什么买八个高脚杯，而我们却从未用过呢？

我们为乔薇买了那么多不必要的东西。所有这一切让我意识到我不想再做一个盲目的消费者了，我想把我的时间和金钱花在真正有意义的事情上。我们把家里所有的东西都打包，所有的必需品都放进车里，后备厢和车里放不下的东西一律卖掉或送人。我发誓下次我们住进新家时，绝不会把不需要的东西堆在家里。

随着起程日期的临近，我看得出来泰勒对离开加州越来越心烦意乱了。我不断安慰她，这将是人生的一次冒险之旅。我们所要做的就是享受一段美好的时光，看望我们的家人、逛逛新的城市，然后，我们就有了买房子的钱。

搬家并不是唯一迅速发生的事情。纪录片的筹备进展飞速，部分原因在于我给经营播客的乔纳森和布莱德二人的语音信箱留了言。

我是这么说的：

我想和你们取得联系。事实上，我希望花一年左右的时间制作一部关于 FIRE 和 FIRE 社区的纪录片，因为它真正改变了我的生活。我相信FIRE会改变这个国家乃至全世界的很多东西。

令人惊讶的是，他们很快在一集播客中提到了关于纪录片的事。一夜之间，我的收件箱就塞满了来自 FIRE 社区的邮件。

其中有各种各样的建议和想法，他们想分享他们的故事，他们想让我知道他们听说了我要拍有关 FIRE 的纪录片后是多么兴奋。这种反应给了我意想不到的动力，也帮我找到了一个投资者，一个跟我一样痴迷 FIRE 的人。

这笔资金让我开始认真计划拍这部影片的事。我需要一个制片团队，制订预算和时间表。我需要决定我要讲什么类型的"故事"。

我需要采访 FIRE 社区里的人，我需要与这些人接触和合作。我了解到有些人欣喜若狂地想参与纪录片的拍摄，但对另一些人来说，拍纪录片可能不亚于一场噩梦。

我很乐观地认为，最终所有的事情都会迎刃而解，但是前面还有很长的路要走。

最重要的是，我们今年的计划听起来很酷，而且看似是一次真正的、千载难逢的机会。但我们真的能如愿以偿吗？旅行，继续工作，拍纪录片，寻找一个新的家，同时又要省钱，我们如何能同时做这些事情呢？我们如何在不断的迁移中照顾和抚养一个两岁大的孩子呢？我们抛下我们有规律的生活、我们的朋友，十年来，第一次去跟我们的父母一起生活，我们如何处理这一切呢？

当然也有一些令我期待的东西，但我担心如果美好愿望变成了一场灾难，泰勒肯定会责怪我。为什么不责怪我呢？自从听到 FIRE 以来，我就一直劝她践行 FIRE，如果这一切都失败了，我就是罪魁祸首。

在圣地亚哥的最后一个晚上，我们举办了一场海滩篝火晚会与我们的朋友告别。这也是我们拍摄的第一个晚上，所以我忙得不可开交。收拾行李、找寻柴火，还要早点去见拍摄人员，帮他们做好准备。起初，我在镜头前感到非常不自在。

我从事电影事业十多年，但主要是参与制片方面的工作。但这次，我需要采访我自己和其他人，同时我要尽量表现得自然些，还要拍出我们想要的所有镜头。

我们是否掩盖了自己的罪恶感、悲伤和恐惧呢？这一切是否会显得太做作呢？我的朋友觉得这一切很古怪吗？然而，不久之后，随着讨论的进行，我的担心也随着摄像机和摄制组人员一起消失在了幕后。

拍摄结束后，我坐在那里喝着啤酒，看着我们在加州结识的那些朋友。在来科罗纳多之前，我和泰勒从未在任何地方生活过这么久。我们在这里结婚，生孩子，开创事业。

放眼望去，汹涌的波涛涌向海滩，我想起我们在这片水域度过的一个个周末。我们一起冲浪、游泳，好开心啊。

我们还会找到这么漂亮的地方吗？世界上还有哪个城市能与科罗纳多媲美吗？突然，一切都变得势不可当，我被伤感、冲动和恐惧的复杂情绪所征服。

明天早上，我们就要走了，不是去从事一个新的职业，而是要进入完全不同的生活，我不知道如何描述这种生活。我只知道我们在科罗纳多的生活不是我想要的，无论这里有多么美好。所以，我们奋不顾身地投向未知世界的怀抱，无论我们走到哪里，只愿我们会找到一个家、一个社区、一个新的方向。

但现在没有回头路了，毕竟，回头的代价太高了。毫无疑问，我们是在玩火。

泰勒的抉择：离开科罗纳多

离开科罗纳多是我经历过的最艰难的事情之一。我一直以为我们会在那里把乔薇抚养成人，甚至我们会在那里终老。那是我们的家啊！所以，当我们开车离开的时候，我的心都碎了。我可能连续两天没有说话，只是默默地开车，心里想着我们在科罗纳多的知心朋友们，离他们而去真是太痛苦了。

每次，我和斯科特做出重大改变时，我都担心我们会后悔。当我们离开雷诺时，我担心我们会不喜欢圣地亚哥。当我们搬出我们的公寓时，我担心我们会怀念一起在这个狭小空间里度过的日子。但每一次，我都会为我们所做出的改变而高兴。当我们最后一次开车经过科罗纳多时，我心想：不管前面有多少未知，我们的生活都会变得更加美好！

第七章

旅程开始了

"这里简直是人间天堂！"当泰勒发出这个感叹的时候，我们正在俄勒冈州本德市中心的德雷克公园镜池周围散步。

蔚蓝的天空下，美丽的黄松延伸到四面八方。我们听到树枝上鸟儿的歌唱，风吹过树林的声音和孩子们在附近玩耍嬉闹的声音。白雪覆盖的山顶就在路的尽头。

此前，我们在来本德的路上已经经过了圣路易斯－奥比斯波、希尔兹堡、阿卡塔和克拉马斯瀑布。南加州的沙漠景观已经变成了北加州令人惊叹的美景，接下来是俄勒冈州孤独和茂密的森林。穿过最后一片森林，我们就到达泰勒的家乡西雅图了。本德是我们列出的第一个新家。

"我感觉好像到了一个不同的星球……这是真实的吗？"

泰勒说。当然是真实的，一个践行财务自由生活方式的完美星球。

本德符合我们的大多数标准。山水近在眼前，几公里长的小径、世界级的飞钓、河里适合冲浪的浪头……漂亮的三居室售价约 35 万美元，当然学区房的售价要高一些；机场能直飞七个主要城市。你扔块石头都会砸到回收箱或太阳能电池板。车保险杠上写着"请规矩点，你是在本德"。

过去，我和泰勒在选择居住地时总会优先考虑就业潜力以及我们的愿景。

热带气候、棕榈树、白沙滩等，这些都是我们一直所向往的。

现在，我意识到在科罗纳多，我们的想法多是主观臆想。其实，许多想法是错误的。事实上，为了快乐生活，小东西会带来大不同。住处距离副食店几步之遥，无论我们想去哪里，都能骑自行车去。住在一个友好的社区里，人人互相照顾。

我用 FIRE 的标准审视着本德，感觉不错。自行车道可以节省开车的钱，院子很大，可以让孩子在里面玩耍。汽车保险很便宜，附近就能露营，没有销售税，每年都有免费的音乐会，周末有农贸市场。这些事情不仅会极大地决定我们能省多少钱，而且会影响到我们的幸福。

后来，一个朋友告诉我们，他住在本德的祖父母明年将从1月旅行到3月，他们很愿意让我们住在他们漂亮的家里。房租低得可笑，但前提是我们必须住三个月。

根据我们的旅行日程，这将意味着取消1月访问博伊西、3月访问柯林斯堡的计划。难道我们不应该去看看那些城镇吗？经过讨论，我们觉得博伊西离泰勒的父母家太远，而柯林斯堡又离机场太远了。泰勒提醒我，我们的旅行计划是有灵活性的，就怕我们爱上了一个地方不想走，只是没想到在到访的第一个城市就发生了这样的情况。

于是，我们决定明年再次访问本德并且试住三个月，然后，我们继续前往西雅图。

如果你想体验犯下了人生中最大的错误是什么感受，就去做以下事情吧：决定彻底改变你的生活，说服你的妻子把开支削减50%、放弃她的爱车，辞掉工作，举家搬迁，与千里之外的岳父母住在一起。

当我们驶近西雅图时，本德的灯火渐渐消失了。我满脑子想的都是如何跟泰勒的父母解释我们的计划，他们肯定觉得他们的女儿嫁错人了。

当然，珍就是那个鼓励我辞掉工作去拍纪录片的人，但我仍然担心家庭成员对我们非传统的新生活方式的反应。他们会不会认为我们践行 FIRE 是在间接批评他们的生活方式呢？他们会欣然接受 FIRE 吗？

尽管心存疑虑，当我们到家的时候，珍和加里还是热情地接待了我们。搬家和生活的重大转变造成了极大的混乱。这个时候安顿下来，我感觉很好，尽管这里不是我们自己的家。即便泰勒的父母认为我们都疯了，但他们没有说出来。第一周我们过得很轻松，逐渐适应了她父母家的生活，还一起陪乔薇玩。

我感觉旅行的头几周就像是我工作了几个月甚至几年后获得的首次放松机会。但今时不同往日，以前在七天的带薪休假里，我总会尽最大努力在有限的时间内找寻更多的乐趣；现在我不会那么快回归工作，这种自由也让我有了更多的时间思考我的纪录片。

我之前拍过纪录片，我知道拍纪录片需要花费大量的时间和金钱。现在我有了投资者并且拍摄正在进行之中，我要做的工作太多了。

在西雅图的一个晚上，我们计划和泰勒小时候的朋友珍妮和她的丈夫尼克一起吃晚饭。我们特别兴奋地和他们谈起了 FIRE，他们的金钱观比我们更加成熟。

他们的生活非常节俭，给自己的未来制订了一个周密的计划。以前周末一起出去玩的时候，他们花钱时总是问："预算中有这笔开支吗？"因此，我们觉得他们很"吝啬"。

现在我们也有了预算！我们也很节俭了！正如泰勒开玩笑说的那样："我们本可以从他们身上学到很多，现在我们必须承认我们的金钱观是错误的，我们完全赞同他们的金钱观。"

晚饭后，尼克这样开始了关于钱的谈话："给我们讲讲FIRE吧。"

我和泰勒向他们介绍了FIRE的概况以及FIRE对我们的意义。听泰勒向其他人推荐FIRE是那天晚上最精彩的部分。

自从我们决定搬家以来，我一直担心她这么做是为了我，而她在内心深处并不赞成改变生活方式。听到妻子完全接受了FIRE的理念，甚至解释了FIRE背后的数学原理，我打消了疑虑。

"现在有什么打算？"珍妮用她平时那种矜持的口气问道，不过我看得出她对这个理念并不赞同。

我们谈论着我们的大冒险。我说削减开支的一个关键是利用地缘套利，即利用其他地方生活成本较低的优势重新选择居住地。对我们来说，这意味着要和泰勒的父母住上几个月，和我在爱荷华州的父母住上几个月，然后（根据我们修改后的计划）在本德以节俭的方式住上几个月，看看它是否适合我们安家。

"原来地缘套利就是免费和你的父母住在一起啊,你们说的财务自由呢?"尼克说。

这话让我感觉受到了羞辱,好像我们在说一套做一套。我们不是白吃白喝,完全不是。和我们的父母同住,也给了乔薇与她的祖父母在一起的机会,这是很难得的。再说,免交四个月的房租也不能让我们在经济上获得独立。我们只是想在搬到比科罗纳多更便宜的地方之前攒点钱,我们要在那里开始全新的 FIRE 生活方式。

"可是你不去工作,你到底要做什么呢?"珍妮问道,"真搞不懂,那些 FIRE 践行者都是什么人呢?这听起来有点像邪教。"

我们都惊呆了。我们认为,在我们所有的朋友当中,珍妮和尼克应该最理解 FIRE,我们甚至以为他们也想加入其中呢!但很明显,他们不相信 FIRE 的理念及其目标。最后,我们不得不换了话题,但整个晚上,空气中都弥漫着紧张的气氛。

在回家的路上,泰勒说她觉得自己像个十足的傻瓜,再也不想和任何人谈论 FIRE 了。我同意她的观点。为什么 FIRE 对我们意义重大,而对我们生活中的大多数人却没有吸引力呢?

定义：地缘套利

地缘套利，指的是利用地理位置来降低你的开支。

我们大多数人在生活中经常进行地缘套利，不管我们是否意识到了这一点。其实地缘套利很简单，如搬到城里更便宜的地方以便有更大的房子居住，去墨西哥度假而不去夏威夷，因为在墨西哥的海滩度假更便宜。其他地缘套利形式包括去泰国镶牙，因为那里的手术费比美国便宜6000美元，或者住在宾夕法尼亚州的乡下为纽约的公司远程工作（在纽约拿薪水），或者搬到一个没有州所得税的州（比如华盛顿），或者去不征收销售税（比如俄勒冈州或蒙大拿州）的地方定居。你可能会说，地缘套利就是利用相同产品在不同地区的不同成本和服务的差异而获得优势。

第二天早上，我收到了一封来自卡伦的电子邮件。她在播客上听说了我拍纪录片的事情。

去年，她和男友已经开始践行FIRE的生活方式。他们卖掉了汽车，在退休账户里存入了最大限额的存款，把收入的65%存了起来。

她写道："当我知道我不用工作到六十五岁也能退休的时候，我无法表达这对我生活的巨大冲击，我的生活被彻底颠覆了。我认为追求财务自由是触碰人生意义的方式，并且是治疗千禧一代抑郁症的良方。"

我想这话说得对。这就是我们践行 FIRE 的原因！这就是 FIRE 的精髓所在！至于"治疗千禧一代抑郁症的良方"，我完全明白她的意思。

千禧一代已经受困于看似无法偿还的学生贷款、不稳定的工作前景和一个正在分崩离析的星球。呼吁社会保障私有化和结束养老金的政客们正在被千禧一代抨击。

我把邮件读给泰勒听，这让我们意识到，也许我们只需要找到那些正在践行 FIRE 的人，只有他们才能鼓励我们在 FIRE 的道路上勇往直前。

不过，我们已经吸取了教训，同那些刚接触 FIRE 生活方式的人打交道，我们需要谨慎。我们在想：有些人的反应消极是不是因为他们觉得委屈呢？

如果他们有大房子和新车，他们会以为我们看不起他们吗？"我们当然不会！"泰勒说，"几个月前我们跟他们是一样的！"

此外，不是每一个人都喜欢把退休作为目标。像我一样，很多人的身份和工作是密不可分的，以至于他们无法想象没有工作的生活。不管原因是什么，我们决定以后要小心，不要用我们的热情去打动别人了。我们要先看看他们是否对 FIRE

感兴趣再与他们分享。很明显，这个话题比我们预想的敏感得多。

我们在西雅图逗留期间，在为期一年的 FIRE 旅程中有了两个最大的亮点。第一个亮点是 BBC 国际频道高级副总裁特拉维斯·莎士比亚在播客上听说我的故事之后给我发来了电子邮件。

他是洛杉矶的一名 FIRE 践行者，将于下周旅行经过西雅图。他希望可以见面，一起喝杯啤酒，谈谈我的项目。我立刻紧张起来，这是什么意思呢？难道 BBC 对我的纪录片感兴趣吗？他们已经在做什么了吗？查明真相的唯一的办法就是去见他。

我们在一家灯光暗淡的餐馆见了面，对美酒佳肴的喜爱和当制片人的工作经历很快拉近了我们之间的距离。

特拉维斯可爱、好奇、热情，见面一个小时后，我觉得我们已经是多年的朋友了。最后，特拉维斯开门见山地说，几年来，他一直打算拍一部关于 FIRE 的纪录片，当他在播客上听到我的故事以后，他对自己没有更快地付诸行动感到沮丧。但经过思考，他意识到，他没有付诸行动是因为他没有一个具体的故事或者一个主人公作为支撑。现在他觉得泰勒和我的探索之旅将是完美的线性叙事，能引领听众一起旅行，同时也能自然而然地介绍专家以及帮助创建 FIRE 社区的人。然而，他发现我的计划存在一个问题：我不能既当导演又当主角。简而言之，他想要导演我的电影。

我一时无言以对。这既是美梦成真，也是我最大的恐惧。

有他这样经验丰富、关系网密布的导演，这部影片一炮而红的可能性更大了，单就他想和我一起做这件事本身，对我来说就是莫大的荣幸。但如果他要导演我的电影，这意味着我不得不放弃对该项目的控制权。

最重要的是，这将是一次严肃的合作，而我们才刚刚认识。如果他胡来，我能容忍吗？还有我们对这部纪录片有完全不同的想法怎么办呢？我告诉他，我对他的建议很感兴趣，但我需要考虑一下。开车回泰勒父母家的路上，我不停地说："天啊！天啊！天啊！我从来没想到一切会发生得如此突然。"

第二天，我打电话给特拉维斯，告诉他能与他合作我感到很荣幸，我同意让他当导演，这样送上门的好事，我没有理由拒绝。这是一次信心的飞跃，我知道，如果我利用这部电影向别人传递 FIRE 理念，特拉维斯会助我成功的。我不得不把我的自尊放在一边，一心一意做对该项目有利的事情。

我和特拉维斯制订了我们合作的细节（包括获得 BBC 的

书面许可），与此同时，我还与波特兰的一个名为"就在今天"的视频制作团队合作。

"就在今天"视频制作团队的雷和齐皮是我的老朋友，和他们一起工作很开心。他们获得过多个艾美奖，过去我们甚至合作过几个项目。"就在今天"视频制作团队负责所有现场技术工作，包括制片、勘景、摄影、音频和 DIT（处理拍摄的视频片段）。我相信他们能够以最高水平完成制片，同样重要的是，他们对 FIRE 及其改善人们生活的潜能深感兴趣。

我们旅行的第二个亮点是有机会见到了《要钱还是要生活》的合著者薇姬·罗宾。

《要钱还是要生活》于 1992 年首次出版，至今仍被认为是 FIRE 社区内最重要、最有影响力的书之一。

薇姬是我的偶像，她践行 FIRE 新生活方式已经三十多年了，比任何人都清楚其中的酸甜苦辣。我知道她住在太平洋的西北地区。此次自驾游几周之前，我给她发过邮件并问她是否愿意为我们的纪录片接受采访。

当我们在西雅图的时候，我收到了薇姬的回复。她就在附近的怀德贝岛上，令我兴奋的是，她同意了采访并邀请我乘渡船去见她，我赶紧准备出发。泰勒对我说，她不能让我一个人去见薇姬，这进一步证明她是我未来的好搭档。我开玩笑说当初她对我的电子邮件（里面全是 FIRE 文章的链接）不屑一顾，现在却跟我志同道合。一路走来不容易呀，但这对我意义重大。

我和泰勒以及纪录片摄制组的人员在西雅图北部的马科尔蒂奥渡口登上渡船，穿过普吉湾，一路来到怀德贝岛。薇姬是一个引人注目的自信女人，七十多岁，有着鹰一样的眼睛和满面的笑容。她平易近人，与她相处很愉快。后来我们在旅途上又遇到了很多这样的人。

吃午饭的时候，薇姬给我们讲述她的故事，纪录片摄制组在拍摄。她讲到她如何离开传统的道路去追求完全陌生的生活。"我牺牲了我正常的生活、正常的收入和正常的人际关系去追求离奇的生活方式。大学毕业时，我意识到学术成功、升官发财等都是浮云……我甚至不知道如何烧水！我不知道该怎么生活，我还没有为生活做好准备。我原本想独善其身，在某个领域爬到高位，赚足够的钱来维持余生的开支。"

然而，薇姬大学刚毕业就继承了一小笔遗产。她用这笔遗产投资加拿大债券，并把它变成了一生的被动收入。她用这笔钱周游世界，住在公共汽车里，搭一个蒙古包，在威斯康星的偏远森林里度过冬天，并最终与她的合伙人乔·多明格斯开始教授金融课程。

后来，他们把教授的内容变成了世界上最畅销的图书之一《要钱还是要生活》。出版一个星期后，薇姬现身《奥普拉·温弗瑞脱口秀》去推销这本书。

奥普拉对她的观众说："这是一本精彩的书，它真的可以改变你的生活。"第二天，它成了《纽约时报》推荐的畅销书，并且连续五年荣登《商业周刊》畅销书排行榜。最近，她又有了更新的版本，赢得了很高的赞誉。

薇姬的故事让我和泰勒都很惊讶，这让我想起了我们要开始 FIRE 之旅时的初衷，平复了我们那两颗悬着的心。彻底改变并不容易，而我常常忘记一年前我还没有听说过 FIRE。此时，我正在华盛顿的一个小岛上吃午饭，与我聊天的正是一位彻底改变了财务自由理念的人，从很多方面来说，这一切都始于此。

当我们准备离开的时候，泰勒问薇姬是否可以给我们一些建议，毕竟，她见过成百上千的 FIRE 践行者。我们应该注意哪些陷阱？薇姬考虑了一下这个问题，然后回答道："我的建议是弄清楚你在生活中真正想要的是什么，弄清楚什么对你来说是重要的，并在这些情况下进行思索。财务自由就像走向悬崖，如果你在到达悬崖边之前不学会飞，你永远不会迈步。"

在回家的渡船上，我和泰勒聊了薇姬的建议。我们真的弄清楚在生活中需要的是什么了吗？曾经我们以为自己弄懂了，但现在我们却说不清楚。

我想我要的是创业，但这真的是我想要的吗？一直工作到死？如果我有了足够的钱，那么投入这么长时间苦思生意点子意义何在呢？泰勒说薇姬帮助她认识到自己的目标不是"在家陪伴乔薇"那么简单，那样只会让她短暂快乐几年。一旦乔薇上寄宿学校以后怎么办呢？我们一直专注于尽快实现FIRE，我们没有思考没有正常工作的生活会是怎么样的。我们一致同意，安顿好我们的新家以后，就开始尝试弄清楚我们真正想要的生活是什么。这样，我们才不会站在自己制造的悬崖边上，由于过于恐惧而不敢进行下一次冒险。

FIRE 故事：卡伦和凯尔·埃文斯，科罗拉多州
FIRE 是某种千禧一代抑郁症的良药吗？

财务自由前的职业：地方政府管理部门分析师

目前年龄：二十六岁

预计财务自由年龄：三十二岁

目前年度支出：3.2 万美元

FIRE 对我来说意味着什么

认识到我不用等到六十五岁才能退休，这改变了我的人生。我把对财务自由的追求看作接触重要事情、看清繁杂世界的媒介。对我来说，财务自由的理念是一剂治愈"千禧一代抑郁症"的良药——这是对我进入"真实"世界后心情的形容。它让我展望未来几十年朝九晚五的工作后不禁思考，一辈子就这样了吗？

我的 FIRE 之路

我和我的男朋友凯尔是在凯尔的妈妈给我们讲了钱胡子先生和柯林斯的故事以后才知道 FIRE 的。

我对投资产生了兴趣，而他多年来一直关注着这些博客。他认为这可能是一个好的开端。凯尔喜欢骑自行车，他过着节俭的生活，但他没有通过投资来使自己的钱最大化。我更是一个无意识的挥金如土者。

我向凯尔描述了我对旅游的渴望，这成了一个转折点。我很想搬到一座新的城市，不想被"束缚"于一种工作和一个地点。现实主义者向理想主义者发起了挑战，他问我："钱从哪里来？"这听起来很简单，但这是我第一次意识到金钱就等于自由和机会。

发现了在线 FIRE 社区以后，我们的生活方式就迅速改变了。我们开始跟踪我们的支出，注重储蓄，往税收优惠账户里存钱。我们还出售了两辆卡车，并用这笔钱进行了投资，只留一辆丰田凯美瑞。此外，我们放弃了不必要的汽车通勤，每天步行，其乐融融。

为了将退休储蓄最大化，我们做出了卖掉汽车的重要决定。这个决定开始时有点吓人，但我们从来没有后悔过。我们的金钱观已经发生了根本的改变。我们不再无意识地花钱，买来成堆的不需要的东西，搞得我们压力山大。我们已经开始把钱看作达到长远目标的基金。我们很现实，允许这些目标有所改变。一旦你经历了无意识消费的习惯转变，你就很难回头。

简而言之

√ 2016 年，我们开始跟踪我们的支出、投资，将退休金账户和养老金账户储蓄最大化，等等。

√ 我们现在把收入的 65% 存起来。

√ 我们住在凯尔 2010 年买的房子里。

最难的部分

当我们开始 FIRE 旅程时，我们俩每年的收入都不足 5 万美元，这是一项不利条件，因为很多 FIRE 的践行者都是高收入阶层。如果你是中等或低收入的人，一些传统的建议就不适合你。尽管如此，我们并没有灰心。一旦我们开始储蓄和投资，我们马上意识到我们很富有，这都与你的生活方式有关。对财务自由感兴趣的人不要因为自己是工薪一族就不敢尽可能多地存钱。

最好的部分

在我们的生活中，最大的积极因素是我们的意识发生了转变。一旦我们清醒过来就会发现，那些成功的外在符号如事业、汽车和房子对我们来说并不重要。因为一个充满可能的新世界出现了。

突然之间，时间似乎变得更有价值了，我们对如何消费变得更加挑剔，而不是购买无意义的物品或进行短暂的体验，我们试图用简单和廉价的娱乐充实我们的生活，如散步、读书、和宠物亲密接触、与朋友和家人在一起等等。

我给您的建议

不要夸大你的生活方式。尽可能多地储蓄，重新定义你的成功。

第八章

指数型基金到底是什么?

我们和薇姬的会面让我们明白了一件事,我们不可能独立实现 FIRE。我们需要那些正在践行或已经实现财务自由者的支持,包括情感上的支持和切实可行的建议。

虽然,我们想要与我们的非 FIRE 朋友保持友好关系,但我们已经感受到了抵触。当我们和 FIRE 践行者交谈时,我们感到兴奋且能获得动力。

幸运的是,有更多的好运正等着我们。9 月,当我们还在西雅图的时候,我决定给皮特·阿登尼(也就是钱胡子先生本人)发邮件。最近,他说他将在位于科罗拉多州朗蒙特镇的家里开办联合办公空间。我想在纪录片里拍摄皮特的故事,而他联合办公空间的盛大启动仪式将是理想的素材。同时,这也是与皮特见面、结识其他"八字胡"成员的绝佳机会。

我提出为他那盛大的开幕式制作一部宣传片作为见面礼。皮特可以把宣传片放在他的网站上，他同意了。我带上我的摄制组飞往科罗拉多去见我的新主人翁和那个永远改变了我家庭生活的人（他本人并不知道）。

在路上，我思考着访谈时我们该说些什么。我该不该告诉皮特听过他的播客几个月之后我就辞了职呢？这听起来会不会很奇怪呢？我会喜欢他吗？我们能谈什么呢？我会不会仅仅成为一个见到偶像的粉丝呢？不，那不是我……不过也说不准啊。

"钱胡子先生世界总部"（人们都这么叫）坐落在市中心一幢不起眼的大楼里。大楼的一侧是一家当铺，另一侧则坐落着迷人的香皂店和冰激凌店。当我到达时，楼里似乎空无一人，只有一个人站在梯子上，手里拿着一把螺丝刀，见我进来，他朝我点点头。我嗫嚅着要找皮特，心想：人们叫他皮特吗？我应该叫他钱胡子先生吧？

突然，皮特从拐角处瞥了一眼。

"嘿，"他说，"你一定是斯科特。"

我介绍了自己和摄制组的每一个成员。我觉得自己像个十岁的孩子，在科米斯基公园遇见白袜队名人堂成员弗兰克·托马斯在热身。聊了一会儿，他指向角落里的一把扫帚，问我是否愿意帮忙扫地。之后，他拎起了一个小桶。

我参加过许多盛大的开业典礼，遇到过无数"大牌"名人，但从来没有见过他这样的。

他给我的印象不高傲也不做作。他没有经理、助理或公关团队。皮特显然没有在我面前摆谱儿或者把我看作他的粉丝，他也没有像对待追星族那样待我。他就是皮特，一个四十多岁还自己安装水龙头系统并与朋友分享当地啤酒的普通人。我心想，这就是我寻找的促使我改变人生的圣地吗？我期望的钱胡子是别的样子吗？我期待什么呢？

在接下来的几个小时里，我帮皮特打扫了后院，把椅子擦洗干净，掸去他自制书架上的灰尘。我甚至还从皮特刚刚安装好的水龙头系统里接了杯当地酿酒公司的美味啤酒喝。摄制组拍摄了房间从空到满的过程，蓄着各种各样胡子的人挤满了摆着朴素的家具和手工制品的空间。

皮特联合办公空间的盛大开业仪式还准备了一个百乐餐，所有骑自行车来的人走进门时，都一手拿着头盔，一手拿着砂锅菜。人们纷纷打开了话匣子。如何安装 DIY 太阳能电池板、账单背后的数学、特斯拉 3 型汽车和修补旧冬衣最好的方法，这些话题都很日常，也都很实际。没过多久，我先前所有的焦虑消失了。这些了不起的人都是谁？

早在几个月前，我就听说了"八字胡"的故事，按理说我不应该感到震惊，但我确实很震惊！我喜欢他们认真对待生活的方式。他们都花了很长时间仔细考虑以下的问题：应该如何度过悠长假日？住什么样的房子会使人们最幸福？价值观是否要与消费观一致？人一生中最重要的东西是什么？听了他们的答案，我觉得这是一群快乐、热情、乐观的人。

就像他低调的哲学一样，皮特在那天晚上没有做重要的演讲，也没有祝酒词。他只拿起一只杯子倒满啤酒，开始和人们聊天。同样地，当晚活动结束时，也没有华丽的结束语。我甚至不确定是否有宣传广告。

活动结束了，人们把盘子里的食物吃干净后，就拿起自行车头盔走了出去。这就是我将在接下来的几个月中继续学习的皮特。他只做他想做的，别人无法靠劝说、施压或甜言蜜语让他做他不想做的事情，无论是接受一家知名出版社的采访，还是花 30 美元买一个神户汉堡。正如那天晚上他的朋友所说的那样："即使有一笔 10 万美元的交易等着皮特，即使他的儿子想去水上公园，他也会置之不理。"

第二天，我满怀着对 FIRE 的向往飞回西雅图。我脸上带着发自内心的微笑，因为我知道在科罗拉多州的一幢大楼里有那么多人欢迎像我这样的新手加入他们的社区。

10 月，我俩离开泰勒父母的家，飞往爱荷华州。我们准备把乔薇留给我的父母。之后，我和泰勒乘飞机前往厄瓜多尔财务自由者的静修所，听说那里的人对个人理财具有独创性的观点，知名度相当高。

　　我们这次旅行的初衷是为了拍纪录片的采访。不幸的是，这件事的组织者觉得让摄制组进入静修所有侵扰之嫌，所以我们不得不放弃采访计划。然而，这次旅行依旧是与 FIRE 社区居民会面（和享受环球旅行）的好机会。我很期待和泰勒共度一段不被工作打扰的时光——她在工作中忙碌了一个月，我则为了我的纪录片像疯了似的跑来跑去。

　　财务自由者静修所是由柯林斯于 2013 年创立的（柯林斯因其"股票系列讲座"和他的书《致富捷径》而闻名于财务自由社区）。

　　目前，在厄瓜多尔、英国和希腊都设有财务自由者的静修所。柯林斯希望聚集一批财务自由社区的领导人，并邀请一些读者和听众一起享受为期一周的聚会。其间，他们就生活和投资等话题进行探讨和对话。我们的与会者来自四面八方，包括一个在谷歌工作的程序员、一位护士和她的丈夫、一对来自圣地亚哥的夫妇和一个从迪拜来的智利人！

被这么多 FIRE 践行者围绕着有一种超现实的感觉，他们使我和泰勒在生活中做出了巨大转变。譬如皮特、宝拉·潘特（流行博客博主）、查德·卡森（一位成功的房地产投资商）以及布兰登·甘奇（播客主持人）。然而，我们在厄瓜多尔学习的关键人物是柯林斯。

在了解 FIRE 之前，我一直害怕投资。我一直观察我的父母，他们在钱的问题上都很谨慎。我也向他们学习，并没有质疑他们的做法。

多年来，我告诫自己我只是没有足够的时间去学习如何以"正确的方式"投资，因此，我的最佳选择是完全规避投资。

我把我收入的 10% 存入退休账户，每年核对余额就万事大吉了。然而，即使我不是很清楚股票和债券的区别，我仍然相信我比我的大多数朋友懂得都多。

后来，我告诉自己，我个人的生意就是我的投资。当一个人拥有自己的股本时，谁还需要股市呢？

在我们长达一年的 FIRE 之旅中，我和泰勒的共同账户里总共有 21.6 万美元。我们攒了 5.4 万美元的现金（在支票账户中）。最近，我们将 2.3 万美元存入先锋集团的一个应纳

税经纪账户。在六个不同的（延期缴税）退休账户里我们有
13.9 万美元。这些就是我和泰勒多年来的储蓄。

为什么我们选择了特定的基金呢？我不知道。我们俩对
如何投资一无所知。

当我们遇到柯林斯的时候，一切都改变了。许多 FIRE 影
响者已成为众所周知的特殊领域的专家。譬如低成本生活找
钱胡子先生、税收优化找布兰登·甘奇、寻求投资和股票建
议找柯林斯。

在他的博客上，柯林斯有个"股票系列讲座"，目前有
三十多条帖子总结了他对投资和个人理财的建议。在《致富
捷径》这本书中也有同样的内容。柯林斯的写作风格平易近
人，趣味盎然，而且他让投资变得容易理解。他的书是他几
十年经验和研究的结晶。

根据柯林斯的说法，你不需要花几个小时来研究投资组
合和股票，并试图预测将会发生什么，或者弄懂这一切意味
着什么。他的致富捷径就是多赚钱少花钱，将余额用于投资
指数型基金。

不知你是不是和我一样，当有人提到什么是"指数型基金
投资"时，就会点点头然后让谈话跳到自己能理解的事情上。

如果你问我："什么是指数基金投资？"那就太尴尬了。

当我研究 FIRE 的时候，至少有四个人向我推荐指数型基

金，其中包括布兰登，他是在静修所向我推荐的。每次，我都保持沉默，我不愿承认自己实际上知道的太少。柯林斯帮我补上了这一课。

下面是我所学到的。

FIRE 核准的投资基础

1. 指数型基金令人惊叹

指数型基金允许你在不买个股的情况下在股票市场"获胜"。指数型基金能使用电脑算法买下一组代表整个股票市场的股票指数。

纵观历史，从长期来看，股市总体表现良好，每年大约增长 10%。因此，反映市场的指数型基金很可能也会经历类似积极的、可预测的结果。

指数型基金是低成本的，也是 FIRE 生活方式的主要组成部分。它在主流 FIRE 博客圈里是被普遍接受和最受欢迎的投资选择。

指数型基金的头号粉丝应该是沃伦·巴菲特，他是世界最大的公司之一伯克希尔－哈撒韦公司的董事长兼首席执行官。

巴菲特通常位列世界富豪榜的前三甲，他被很多人认为是世界上最精明的投资者。他谈笑风生，平易近人，备受敬重。

尽管，他管理着一家有三十万名员工的企业，但他的办公室里却只有二十五名员工。

他个人没有电脑。他住的房子还是他在 1958 年以大约 5 万美元的价格买下的。他经常在麦当劳吃早餐。他自己说，除了使用私人飞机外，他的生活方式跟中产阶层的人没什么两样。

几十年来，沃伦·巴菲特始终如一且毫不含糊地向普通投资者推荐低成本的股票指数基金。

最近有人问他，如果让他重新开始，将如何投资他的第一个 100 万美元。巴菲特笑着说："我会把这些钱都投到一个跟踪标准普尔 500 指数的低成本的指数基金里，然后继续工作。"

在 2014 年的畅销书《金钱：操控游戏》中，托尼·罗宾斯描述了他试图采访沃伦·巴菲特，却遭到了回绝。

巴菲特对他说："托尼，我很乐意帮助你，但在这个问题上，我已经把该说的都说了。"

托尼坚持说："你想要为您的家人推荐什么样的投资组合来保护和发展自己的投资呢？"

巴菲特微笑着抓住托尼的手臂说："这很简单。投资美国的大型企业，不用支付这些公司共同基金经理的所有费用，抓住这些公司，你将赢得长期投资的胜利。"

2. 避开基金经理（或准备付钱）

事实证明，试图在统计上击败股市的表现是行不通的，只有 15% 的专业人士成功击败了它。你雇用的那个人是那 15% 中的一个吗？这个概率微乎其微。

因为指数基金不需要雇用投资组合经理、分析师和交易员日复一日地试图打败股市，所以投资指数基金非常便宜。

当本书出版时，最受 FIRE 践行者追捧的先锋指数基金 VTSAX 的费用比率只有 0.04%。与此同时，典型的人力管理的共同基金通常每年收取 1% 到 2% 的费用。

在过去，共同基金的成本并没有对我敲响警钟。把一两个百分点让给帮助我管钱的人似乎是一个非常合理的数字。然后，我听到了布拉德·巴雷特讲座中的一个计算。

他解释说，如果你把 10 万美元用于投资一个低成本指数基金四十年，其费用比率为 0.05%，预期回报率为 8%，到期总额为 213 万美元。把相同的钱交由基金经理，其费用比率为 1%，在相同的情景下投资，到期总额为 140 万美元。你把 63 万美元白白送给了基金经理，其实他所做的事情微乎其微。

那么，为什么不是所有人都投资指数基金呢？我不知道。也许，像我和泰勒一样，人们认为只要他们往他们的退休账户里存钱，雇人帮助他们投资就行了，却没有意识到这是在搬起石头砸自己的脚。正如柯林斯告诉我们的那样，没有人比自己更会理财。

如果我不想管理自己的投资怎么办？

一开始，我和泰勒对管理我们自己的投资账户犹豫不决。特别是，我们都有工作，想多陪伴乔薇，我们自己做投资似乎不能很好地利用我们的时间。

我经常听到这样的话："我想投资，但我没有时间或兴趣自己去做。"记住，最重要的是，你开始投资并且了解你的选择。

与当前的银行合作或者雇用收费的顾问可能是最简单、最容易开始投资的方法。这种方式也很不错。

只要你知道你要付出代价，你是基于你的生活方式做出的有意选择，那么你的投资就是正确的。如果你正在寻找一个财务顾问，国家个人理财顾问协会可以为你指出正确的方向。

3.复利是有史以来最神奇的事情

像指数基金一样，我对复利只有基本的了解。在接触柯林斯之前，我并不完全理解复利对我银行账户意味着什么。

复利是这样运作的。复利的基本意思是在利息上获得利息。或者换句话说，当你不花那些投资产生的利息时，你的投资就会产生复利。因此，如果投资 10 万美元，按投资收益率 10% 计算，一年后能获得 1 万美元的利息。如果你把它加入你的原始投资中，你将得到 11 万美元。次年，11 万美元的 10% 利息是 1.1 万美元，如果你把它们合起来，你会得到 12.1 万美元。

下面是几十年后的情况。

投资年限	初始价值 100 000 美元的投资单利 10%	初始价值 100 000 美元的投资复利 10%
1 年	110 000 美元	110 000 美元
3 年	130 000 美元	133 100 美元
5 年	150 000 美元	161 051 美元
10 年	200 000 美元	259 374 美元
20 年	300 000 美元	672 749 美元

该理念是用你的钱赚钱，你的钱赚来的钱再赚钱，如此往复、无尽无休。几十年后，这种差异将呈指数级增长。

和柯林斯聊过天之后，我和泰勒在静修所附近围着花园散步。我们谈到了自出生到现在我们所接受的金钱教育。

泰勒从她爸爸那里学习投资，她的父亲给她灌输了一种对债务的恐惧，教给她的投资方法是"投进去就忘了它"。多好的建议啊！

在我家，我们根本没有讨论过投资。我知道我妈妈管理着家里的投资，但仅此而已。我和泰勒被灌输的都是不要陷入信用卡债务，往你的退休账户里投资，你就会高枕无忧。我们严格遵守训诫，最终的结果是我们在退休账户里存了少量的钱，然后被动地关注这些投资，错过了十多年的财富增长期。

我们现在能做些什么呢？我左右为难。一方面，我觉得我们应该放弃买房子的想法，立即把 5 万美元投入指数基金。另一方面，我知道如果把钱用于我自己的创业，我会更高兴。

泰勒说 FIRE 让她纠结的地方是，她能感觉到所有的负面影响（放弃她的爱车，和父母住在一起，在家吃饭），但她感觉不到正面的影响（更高的净资产，更多的现金）。对她来说，钱可望而不可即。

我们临时决定把我们的投资组合分成三份。其中的 34% 用于投资指数基金，33% 投资房地产，剩下 33% 投资我们自己的企业。

在接下来的几个月里，我们重温了这次谈话，与对方重温，又与别人重温。我们发现大多数踏上 FIRE 之路的人都会不断地重新评估他们的投资方式。

布兰登·甘奇告诉我们，有了一次当房主的消极经历之后，他主要投资指数基金。宝拉·潘特说，把她的大部分净资产投资房地产，她觉得很舒服，因为她对房地产很了解。在怀德贝岛，我们与薇姬·罗宾的交谈中，她说她会通过当地的小额信贷，用她的财富来为他人创造更多财富（同时提供收入）。这让我很惊讶。精明的有意投资者永远有很多好机会。

泰勒的抉择：让我们谈谈投资吧！

在我们开始 FIRE 旅程之前，我极少谈论投资，但这并不意味着我从来没有想过。每当我得到一份新工作，我都会在养老保险里随机选择一只基金，然后就不再想它了。

在我一生中的大部分时间里，投资从来没有出现在我的谈话中，意识到这一点让我很惊讶。我不知道我的朋友或家人如何处理他们的投资，我甚至没有想到我错过了极好的赚钱机会。

现在，我见人就谈投资，只要他愿意听！作为一个女人，我认为接受管钱的教育尤为重要，我希望我的女儿有能力处理自己的财务。

接下来，我们想学习房地产投资。在静修所的一次演讲会上，我们遇到了查德·卡森，他是来自南卡罗莱纳州的一名房地产投资者，也是知名博客的博主。

在厄瓜多尔的一整个星期里，我们一直跟他探讨房地产、他的人生哲学，还有我们共同的体育爱好。他很高兴地回答了我们的问题。房地产投资明智吗？安全吗？他对所有的新手有什么建议呢？

查德给我们讲了他自己投资的房地产故事。他上大学时就已经开始尝试房地产投资了。他找到那些急于出售房产的房主，他们为了拿到现金，情愿打折卖房。他再将这笔交易转给另一位房地产投资者，而他从中小有盈利。最终，他赚到了足够的钱投资房地产。如今在他的家乡南卡罗莱纳，他和他的妻子拥有 90 多套房产。最近，他决定搬到厄瓜多尔住一年，以便让他的女儿们学习西班牙语。

我问他成功的秘诀是什么，他立刻回答说："节俭、坚持和求知欲。"

多年来，他一直靠着收入的极小一部分生活。他曾经快乐地开着一辆旧丰田汽车，即使他一年的收入超过六位数。他做了五十笔房地产交易，但仍不换车。这种节俭帮助他度过了 2008 年的经济危机，当一笔好买卖突然出现时，他总能拿出钱来。

听到他谈论他的汽车，我再次想起了我的马自达，多年来，我一直认为开马自达是委曲求全的做法。现在看来，它似乎是占用宝贵资源的奢侈品。只要我们有多余的钱，投资机会有很多，我感觉自己把利润丢失在了天窗、导航系统和真皮座椅上。

多年来，我遇到了许多才华横溢、胆识过人的创业者。他们创意大胆，敢于冒险去改变命运。我一直很喜欢接触这种精力充沛、视野开阔的人，我觉得与查德大有相见恨晚之感。我钦佩他，我觉得我理解他，像我一样，他也不想给别人打工。开创自己的事业是唯一的出路。

在所有这些创业者中，我注意到被 FIRE 激励的人和其他人之间有着惊人的区别。前者正在通往（或已经找到）财务自由之路，节俭赋予他们超强的能力。他们勇于冒险，因为他们用高储蓄率来对冲赌注。我现在明白了为什么 FIRE 对我的吸引力如此之大。我想当企业家从事有创造性的项目，这必须承担经济压力。如果我不用担心利润，那我做些什么呢？我不知道答案，但这问题本身让我热血沸腾。

在静修所的一整个星期里，我被一个令人不安的想法所困扰。虽然我正在经历人生的转变，但我所学的一切都可以从网上免费获得，我真的需要来这里吗？

在我们离开美国之前，我和泰勒遭到了来自家人和朋友同样的质疑。为什么要花几千美元去国际静修所了解如何不花钱呢？这似乎不太节俭。莫非你要加入异教团体吗？我不得不承认，这些问题很有道理，我不能给出有说服力的答案。

为什么在 FIRE 旅途上的人要花那么多钱去了解更多有关 FIRE 的知识呢？此外，组织者的议程是什么呢？鼓励人们花钱不是把他们带离 FIRE 和财务自由的生活吗？

多年来，静修所的老师都在他们的网站上传播专业知识。来厄瓜多尔前，我一直在他们的网站上免费阅读他们的大部分文章。这和亲自去见这些人有什么区别呢？为什么不把建议付诸实施，省下钱来去实现 FIRE 呢？

静修结束时，我开始意识到亲临现场的重要性。尽管我读了那么多书，但还是没有完全消化吸收 FIRE 的理念。现在，我明白我把简单的事情复杂化了。如果没有专家面对面地指导，恐怕到现在，我还没有意识到这一点。我不仅理解了"多挣少花，存钱投资"的朴素道理，而且我意识到从我们踏上 FIRE 之旅起，方向一直是"正确"的。如果我们坚定不移地走下去，我们就能实现 FIRE。

在旅程中遇到类似的人也是至关重要的。FIRE 倡导省钱和财务自由，能让人们过上更平静、更具思想性和自我导向的生活，而我遇到的专家们都体现了这一点。

一个难忘的时刻发生在宝拉·潘特身上。宝拉的 FIRE 之旅是迷人的。她原来是科罗拉多州博尔德的新闻记者。后来，她在亚特兰大买了房产，开始了博客生涯，她的成功简直令人难以置信。她的座右铭是"你买得起任何东西，但买不起所有东西"。

她是我见过的最冷静的焦点人物之一。她的嗓音低沉，说话不多，但她一开口，整个房间的人都鸦雀无声、洗耳恭听。

一天下午，我和她并排坐在基多的高空缆车里。我说我有恐高症，害怕极了，这并不需要太多的解释。我抓紧缆车的一侧，呼吸急促起来。

"当我感到焦虑或害怕时，能帮助我的，"宝拉说，"就是知道我不能控制任何事情的发生。当我真正接受这个事实的时候，我就感觉好多了。"

老实说，听她说话就让我感觉好多了，但这种情绪让我大吃一惊。一个金融专家和房地产投资商怎么会接受自己的失控呢？她只是简单地让自己处在能达到目标的最佳位置，但她对自己无法控制的事情泰然处之。这一群 FIRE 专家不只是撒钱的黑客，他们向我们展示了有意识的生活是什么样的。他们以身作则。目睹了这一切，对泰勒和我的信仰体系产生了巨大的影响。

如果是在过去，我和泰勒花 5000 美元去度假，不会有任何顾虑。事实上，在返回爱荷华州的航班上，我们谈论到在我们度过的所有假期中，这次的收获最大。在新西兰从山的一侧沿滑索滑下，在圣托马斯躺在海滩上，我们玩得开心刺激，但很少体验这种更深层次的意义。我们俩都觉得，我们在静修所听到的谈话是我们一生中听到的最有启发性、最具个性和最愉快的谈话。

我们暗自嘲笑我们原来的期望是多么幼稚。我们原以为这将是一次真正的"金融会议"，有会议室、荧光灯和 PPT 演示，我还带了笔记本和笔，但一次也没用上，它们一直放在我们的房间里。

我还以为每次谈话都是关于投资策略和资金的。显然，像我提到过的那样，人们讨论投资、储蓄率以及不同的策略来减少支出，但更多时候我们专注于联系、幸福、社区。我和泰勒很喜欢这些。

离开厄瓜多尔的 FIRE 社区时，我们有些依依不舍。在这个社区里，谈论天气、政治、真人秀和平衡你的银行账户都是完全正常的事。在这里，人人都嘲笑贷款买车或者用年终奖买台新电视机的行为。

我发现与陌生人分享我们的净资产，分享我们的财富非常轻松愉快，我推荐这种分享方式。当分享的原因是你有一个简单而令人兴奋的提前退休计划，而不是一般性的话题时，会特别有趣。

我和泰勒都意识到，向前迈进，我们需要创造我们自己的世界。在这个世界里，我们可以节俭地生活，但要与我们的朋友保持密切联系，虽然他们的生活方式与我们不同。

对我们来说，FIRE 不是评判别人的理财之道，而只是一种引导和判断我们自己做出的决定和制订优先级的方式。这让我们变得更加深思熟虑。离开厄瓜多尔时，我们信心倍增，下决心设计一种适合我们鉴赏力和价值观的生活方式。这种生活方式让我们把注意力集中在孩子身上，目前她正在爱荷华和我的父母一起等着我们，孩子和父母是我们踏上 FIRE 冒险之旅的首要原因。

第九章

在 FIRE 中接受教育

    我们回爱荷华待了几个星期后，另一个机会出现了。我们在静修所刚刚见到的许多 FIRE 博主将参加世界上最大的个人理财媒体会议。参加会议的有一千多名博主、作家、演讲者、播客主持人和个人理财专家。个人理财媒体会议在达拉斯召开，如果我们的摄制组到场，我们可以为这部纪录片进行很多非同凡响的采访，而且成本很低。

    所以，我们又一次和乔薇道别，上路了。所有这些旅行——科罗拉多之旅、厄瓜多尔之旅，以及现在的达拉斯之旅都很重要，但不间断的旅行让人筋疲力尽。我怀念在科罗纳多度过的轻松的跟妻女在门廊上喝咖啡的周六上午时光。

    除了许多熟悉的面孔以外，个人理财媒体会议与静修所有很大的不同。这是一个在巨大的会议中心举行的典型的大型会议。

在第一天，我与知名播客主持人布拉德和乔纳森在展厅里散步，我看到了一个又一个的粉丝走到他们面前来讲述他们的播客如何改变了自己的生活。"同去年相比，FIRE 绝对是今年更热门的话题。"活动组织者菲利普·泰勒告诉我。确实如此，能参与其中，我感到很荣幸。

在厄瓜多尔见到宝拉·潘特的几周后，我和她一起出去玩，当时她正在准备发表主题演讲。她的主题是忘记观众的需求，忠实于自己的声音，因为真实最终让你难忘。这引起了我的共鸣。在拍摄纪录片的过程中，在我遇到的人当中，支持我拍 FIRE 纪录片的大有人在，反对我拍 FIRE 纪录片的人也很多，但最终我必须做我认为应该做的事情。

我在个人理财媒体会议期间组织了一次圆桌会议，与会者都是 FIRE 社区最具影响力的人物。五百天实现财务自由的卡尔、百万富翁格兰特·萨巴蒂尔、节俭的丽兹·泰晤士、"我们的下辈子"博客博主坦贾·海丝特、"疯狂五神"博客博主布兰登·甘奇和"慢慢致富"博客博主罗斯。

首先，每个人都谈了自己是如何阴差阳错地踏上了 FIRE 之路的。卡尔说他跟我一样发现了"钱胡子先生"的博客，他的生活马上随之改变了。坦贾发现了一本名为《如何提前退休》的书。大家一致认可的是践行 FIRE 不需要擅长数学。数学很简单，生活方式的改变却很困难。

接着，他们又谈到了特权。谈论很多人认为遥不可及的生活方式有什么意义呢？丽兹指出，系统性的障碍让很多人不能考虑 FIRE。"如果你要到晚年才学习理财知识，或者一辈子不学，我不知道你该如何走上 FIRE 之路。"

看到这群"货币呆子"对运动的核心看得如此精辟透彻，我很吃惊。能成为 FIRE 社区的一员并通过纪录片来呈现这段对话内容，我深感兴奋和欣慰。

在达拉斯的另一个收获是有更多的机会与布兰登在一起。我们在厄瓜多尔相处得很好。在个人理财媒体会议的采访中，我和泰勒邀请他来我们在爱彼迎网站上租的房子里喝咖啡。布兰登出版了一些与税法、退休、储蓄和投资策略相关的研究性书籍。我和泰勒希望他能看看我们那些杂乱的数字并帮助我们制订一个更全面的实现 FIRE 的计划。下面是他告诉我们的。

削减开支的基本原则："疯狂五神"的建议

布兰登（FIRE 的疯狂践行者）说 FIRE 的理念很简单，由此打开了话匣子。重要的是不要沉迷其中的细节，细节很重要，但最重要的是坚持基本的原则。多挣少花，存钱投资。他说减少开支的最好方法是专注于像汽车和住房这样的高价商品。

1. 多挣少花

布兰登说，有时人们混淆了储蓄和 FIRE 的投资组成部分。投资很重要，人们有时偏离了真正重要的东西。

只要你在存钱，你就在进步，但是 FIRE 的关键是快速存钱。尽可能快地存钱比用一种特殊的方式把这些储蓄用于投资更重要。

为了说明这一点，布兰登说如果我和泰勒把收入的 50% 到 70% 存在储蓄账户里，其他什么也不用做，我们也会生活得很好并最终实现 FIRE。他不是说我们不应该投资，他只是说存钱是重中之重。

布兰登仔细检查了我们一年的旅行预算，发现我们做得很好。我们的预算是每月开支 4200 美元（同在科罗纳多期间相比，我们的开支减少了 55%，令人惊叹！）。但他认为我们还有办法减少开支，这样如果我们在新的城市里维持这个预算，在我们的收入水平不变的情况下，最终达到 50% 到 60% 的储蓄率是件轻轻松松的事。

此外，我和泰勒最近还存了不少钱。我们带着 2 万美元的现金开始了我们的旅程，在过去的三个月里，我们一直在攒钱，我们现在有 5.4 万美元现金。布兰登说，这笔钱足以支付我们一年的旅行费用，这比我们的预算还多。显然，我们不会增加支出，但我被这个简单的事实所震撼。

如果我们突然停止工作，我们可以用剩下的钱维持十二个月的生活开支。想想我们过去靠薪水过日子的方式吧！我们现在的存款比以往任何时候都多，这是我们得益于 FIRE 的最有力的"证据"。这是我成年后第一次感受到的一种自由，直到今天，这种自由感依然伴随着我。

2. 投资差额

布兰登谈了为什么投资是重要的。FIRE 的关键是让你的钱为你工作。当你的钱在银行账户中睡大觉的时候，它实际上在贬值。为什么呢？因为通货膨胀的增长速度高于大多数银行账户所产生的利息。如果同样多的钱投资在股票市场，它就会增值。

例如，拿我们的情况来说，布兰登指出我们的现金太多。拥有 54 000 美元可能感觉很棒，但我们活期存款账户的利息不到 0.1%。布兰登说，我们应该拿出一部分积蓄进行投资，赚取 5% 到 10% 的利息。

好哇，我们的现金太多了！嘘，由于通货膨胀，钱正在贬值，所以让我们赶快明智地投资吧。

我们不将现金用于投资的理由有三方面：第一，我们对股票持谨慎态度，它们的价格似乎很高。在 2017 年，我们处于前所未有的强劲而持久的牛市，未来可能不会是这样。第二，我们在为房子首付存钱。第三，我们对购买租赁房产的想法很感兴趣。

布兰登解释说，担心股市的风险和价格是浪费时间。从历史上看，股市会随着时间的推移而上涨或下跌，买股票最好能长期持有。根据短期低点和高点买卖股票，是一种需要避免的投资错误。

"把握大盘的时机有什么错呢？"我问。

"那样你会输的。"布兰登说。

他说有两个选择。我们可以随机进行一次性投资，或把钱分成几部分，然后每隔一定时间投资。从统计学来说，第一个选择更有可能赚更多钱，但第二个选择（被称为平均成本法）对新的投资者来说可能更好些。在这种情况下，当我们准备好了的时候，我们可以投资 3000 美元。因为 VTSAX 指数基金的最低投资额为 10 000 美元，我们用 3000 美元投资一家类似的基金 VTSMX，该基金的最低投资额为 3000 美元。（如果你的投资金额不足 3000 美元，可以查看 VTI 的最低投资额，该基金也被 FIRE 审核通过。）

定义：平均成本法（DCA）

平均成本法是一种投资技巧，指在特定间隔期间（例如每月买入一次）买入固定金额的某资产的投资策略。平均成本法的目的是规避市场的波动性对投资人最终收益造成的负面影响。人们对于这种策略众说纷纭、褒贬不一，但我和泰勒发现，这种策略帮助我们克服了最初将储蓄投入股票市场的阻力。

我们的计划是来年对3000美元做增量投资。当我们的投资达到10 000美元大关时，先锋集团会自动将我们的投资转入VTSAX。

布兰登也认为准备买房是储备现金的正当（以及必要的）理由，他说购买租赁房来创收是另一种投资的好方式。

提早动用退休基金

在达拉斯，布兰登还回答了一个问题，这个问题自从我们开始 FIRE 之旅就一直困扰着我。

如果我们直到五十九岁半才能动用退休账户里的钱，那为什么还要存入那么多钱？布兰登对此做了广泛的研究，所以我找对了人。

他解释说，这种退休金计划除了税收优惠外，在退休前也有许多提前支取的方法，并且不用交罚金。一种最流行的方法是"罗斯转换梯"，即将退休账户或其他延税型退休账户里的钱存入个人退休账户，然后取出来，这样是免税的。其他方法包括第72条，这是一项国税局津贴，即在退休前从退休基金中提取固定金额的钱，不用支付10%的提前支取标准罚金（你仍然要为基金纳税，只是不用支付罚金）。

3. 关注你的汽车和住房预算

在一起出去玩的时候，我们仍然租了一辆车——那辆2016年产的马自达。我担心他会认为我是另一个粗心的消费者，于是我解释了我的杀手交易谈判。我每月只需支付250美元（为期三年），然后，就有资格以12 300美元的价格买下这辆车（租约到期后这辆车的估计价值大概13 000美元）。多划算啊！

布兰登不以为然。他建议我们立即想办法解除租约，即使那样要花费几千美元也值得，然后用5000美元现金买一辆车。

这就是传统上"好"的花钱方式与FIRE生活方式的又一巨大区别。我对那次租赁谈判感到特别自豪，甚至我的家人和朋友都认为我做了一笔好买卖。

但布兰登不这么看。等我把车买过来的时候，我的车已经不值 13 000 美元了，但每月付 250 美元（为期三年），等于我买了一辆全新的车，只是延迟付款。汽车是贬值的资产，而且我的车每天都在贬值。

总而言之，我最终花 2 万多美元买了一辆越来越不值钱的车，直到它"触底"到原来价值的三分之一或四分之一。当你践行 FIRE 的生活方式时，你必须要你所有的钱为你工作。根据定义，贬值资产随着时间的推移失去价值。什么是贬值资产？几乎任何贵重物品，包括钻石首饰、船只、电子产品，当然还有汽车。

我问："这种贬值不正是开车的代价吗？我的意思是，我们需要一辆交通工具在这个世界上转悠啊。"

布兰登解释说，一辆车不一定是贬值资产，或者至少贬值没有那么严重。他说，二手车的最佳价位应该在 5000 美元左右。在达到一定的贬值点后，二手车贬值的速度就变慢了。用 5000 美元你可以买到一辆可靠的二手车，其行驶里程低于十万英里。如果你不经常开车，这样的一辆二手车至少还能让你开上十年。

"如果我们买一辆 1 万美元的车呢？"泰勒问道。我知道她在想念着她那辆早已被开走的宝马的真皮座椅。布兰登无动于衷："买 5000 美元的吧。"

最后，我和泰勒跟布兰登讨论了租房与买房的利弊。这涉及的面更多，不是简单地选择最便宜的就行。

在本德，我们发现我们可以租一套三居室的房子，每月租金大约 2000 美元。我们可以买一套三居室的房子，价格为 40 万美元。为了确定哪一种更经济，我们不得不算笔账，因为按揭贷款，房子价值因市场而异。例如，在科罗纳多，租房是我们唯一可行的选择，因为我们买不起百万美元一套的三居室房子。在本德，我们幸免于难。利用《纽约时报》提供的免费的"买与租"的计算器，布兰登帮助我们找到了这个问题的答案。计算器告诉我们，如果租金低于 1517 美元，那么租房会比用三十年的贷款买 40 万美元的房子更划算。然而，本德的租金至少是每月 2000 美元，那么以 40 万美元的价格买下同样大小的房子就是更好的决定。

布兰登强调，我们必须做一个长远计划。如果你下定决心要买一个永远的家，并在这座房子里终老。如果你能让这些数字在你的预算中有意义，你就应该买房子。但如果你不喜欢维修或者在不久的将来会搬家，租房可能是一个更好的选择，无论计算器上怎么说。

我和泰勒都表示我们想拥有自己的房子，这是我们离开科罗纳多的首要原因之一。我们决定将 54000 美元现金用于活期储蓄，以便我们看好房子就可以付定金。布兰登同意我们的决定，但他警告我们，一旦我们不想买房的话，我们应该将其中的一部分现金用于投资。它在银行账户里的每一分钟都在失去在股市为我们赚钱的机会。

FIRE 故事：西尔维亚，华盛顿州西雅图
卡特里娜飓风如何让我追求财务自由

> 财务自由前的职业：审判律师
>
> 目前年龄：三十八岁
>
> 财务自由年龄：三十二岁
>
> 目前年度支出：2 万美元

FIRE 对我来说意味着什么

2005 年我从新奥尔良的法学院毕业，刚刚在一家公司得到了一份工作。当飓风警报来临时，我只带了一套衣服和我的狗，别的什么也没有。

我要去工作的那幢楼被摧毁了，那家公司告诉我，六个月以后他们才能雇用我。一周后，由于飓风的影响，我的房东告诉我，如果我想解除租约，我必须在三天之内离开我的公寓。我把需要的东西都塞进我的车里，不需要的一律扔掉。卡特里娜飓风让我知道了，财产无关紧要，你拥有的一切都有可能在瞬间消失。

我的 FIRE 之路

我一直很节俭，但我完全没有在意学生贷款，当我从法学院毕业时，我有了 10 万美元的学生贷款。我完全吓坏了，我决定尽一切可能尽快还清债务。即使在我当律师期间，我也会在晚上和周末去送外卖。知道我是律师的人点了比萨，见面就认出了我。

我靠送外卖赚的钱生活，我所有的工资都用于偿还我的学生贷款。后来，我的事业发达了，收入增加了，但我仍然过着节俭的生活。这就是关键所在。即使你的薪水增加了，依然要节省你的开支。

做一个财务自由的单身女性很有趣。我对约会的看法被财务自由彻底扭曲了，因为我不想去吃大餐或在约会时浪费很多钱。这也让我在对潜在合伙人的事情上更具判断力，比如对方是否有信用卡债务和超支。

简而言之

√ 2012 年，我获得了财务自由，并拥有 100 万美元的存款。

√ 我每月花 50 美元买副食品，住在西雅图四百一十七平方英尺的公寓里。

√ 我还在工作，经营着自己的小律师事务所。

最难的部分

我想我高估了没有时间表、没有最后期限和没有行程的生活。这是我还在工作的部分原因。有时，我觉得财务自由的理念比财务自由本身更好。

最好的部分

我更有信心去追求我想要的，因为即使得不到也不影响我的生活方式。它让我更勇敢地追求我想要的东西。例如，我工作的律师事务所不允许我往我的退休账户里存款，又无法给我提供一个储蓄账户，我就选择辞职自立门户。如果我没有实现财务自由，我就不敢冒着失业的风险辞职。

我给您的建议

不要拿自己和别人比较。弄清你的目标是什么。不一定非要到一定年龄就退休。决定以后怎么做，不要顾及别人的闲言碎语。

第十章

家庭与节俭

当我们初到爱荷华州时，我意识到我还没有为这里的生活做好准备。在我长大的小镇上，我从童年的卧室里醒来，身边是我的妻子和孩子，我刚刚辞掉了工作，放弃了海边城市的生活。

如果这就是 FIRE，感觉并不像我想象的那样迷人。

爱荷华州的贝尔维尤是一个美丽的"欢乐谷"，它坐落在密西西比河边，有着石灰岩的峭壁、起伏的丘陵，还有绵延数公里的玉米地。住在贝尔维尤的 2100 人中，我可能与其中的 250 人有联系。这个数字相当于总人口的 10%！

我的父母都出生在贝尔维尤，但我爸爸在海军的工作把我们带到了圣地亚哥（我在那里出生）、夏威夷、波多黎各等地。我们全家回到爱荷华州的时候，我已经到了上中学的年纪。那时，我已经是一个语速飞快的十三岁少年，一个冒险成瘾的环球旅行家了。我在贝尔维尤的生活跟以前完全不同。在中学时，人们经常问我，作为一个孩子，从一个地方搬到另一个地方是不是很艰难。我从来都不知道怎么回答，所以我会问类似的问题："在同一个地方长大艰难吗？"

就我个人而言，我喜欢变化。去激动人心的地方，拥有每隔几年重新开始的机会，四处结识朋友，留下美好回忆——这些都让我开心。现在，作为一个成年人，回到贝尔维尤生活和居住是我经历过的最严重的文化冲击。

因为过往的经历，我和贝尔维尤的关系总是冲突不断。我喜欢四处走走，喜欢跟家人待在一起，喜欢花一个星期的时间在我儿时的家中放松。世界上有一个地方是我的家，这种感觉很温馨。但对我这个海军的后代来说，我的心一直在流浪。在爱荷华州待了几周之后，我变得焦躁不安，开始渴望大胆的冒险。

有点讽刺意味的是，我最大胆的冒险想法竟然包括回圣地亚哥，至少回去待上一段时间。我希望我的家人会接受我和泰勒人生观上的根本转变以及我们新发现的简单的生活方式。

去过厄瓜多尔和达拉斯之后，我们觉得讨论 FIRE 很自然很惬意。我想，也许我能让他们对 FIRE 的理念产生兴趣。少支出，多储蓄，多做更有意义的人生决策。在浮想联翩的某个瞬间，我甚至想象着成为一个现代探险家，把 FIRE 这个礼物送给那些过着朝九晚五生活的人。我哪里知道自己已经落伍了！

10 月下旬的一天，我和泰勒邀请了我的表弟杰瑞德和我的朋友埃里克过来玩牌，跟我叙叙旧。

最终，话题转到我和泰勒来爱荷华州的目的。我首先解释了我们离开科罗纳多的原因。追求更节俭的生活理念将我们的幸福最大化，因为人们通常把大部分的钱花在购买奢侈品上，而给人最大乐趣的却是那些简单、免费的事情，比如和家人共度时光。我解释说，践行 FIRE，你就能多存钱，并将你的钱进行投资，这样，你就可以把时间花在你喜欢的事情上。

说到这里，我停顿了一下。我是不是说得太多了？我不想让人觉得我很主观，或者很冒犯别人，就像在西雅图的对话那样。

杰瑞德困惑地看着我："我的意思是，这不是大多数人的生活吗？"

“是啊，”我点点头说，“我认为大多数人都花钱多，存钱少。”

“不，”他说，“我的意思是，不是大多数人都是少花钱，把多余的钱存起来吗？”

我一脸懵呆。我还以为我的话会让杰瑞德和埃里克茅塞顿开，他们却那样看着我，好像我刚才说天空是蓝色的一样。

杰瑞德一直过着节俭的生活，在他看来，这很正常。他开着一辆全款买来的汽车，他住的房子是他和别人一起动手盖的。他把多一半的收入存起来。他不想停止工作，因为他热爱自己的工作。

他没有什么宏伟的计划，这样的生活很有意义。埃里克也一样，他总把挣来的钱存起来一部分。为什么要贷款买一辆豪车呢？豪车的速度并不比普通车更快啊！他们俩都说，这种生活方式在贝尔维尤这样的地方是很自然的事，这里几乎所有的开支（住房、汽油、健康护理、食物等）都比大城市便宜。

我想象着他们在开车回家的路上彼此间的对话。当然，FIRE 不仅仅是节俭，但他们一定在嘲笑他们的天才朋友以为自己发现了生活的秘密，而这个所谓的“秘密”他们早就知道了。

那天晚上躺在床上，我深刻地意识到，我原来离开家是为了找到自己的生活之路，但我却迷路了。

当我大学毕业离开爱荷华州时，我想见见世面，什么都想体验一下，对每次邀请和机会从不放过。十年间，我去过无数的城市，浪费了很多钱财之后，我回到了家乡来学习"节俭是一种自由"，而这个道理，我的家人早就知道。

节俭是我的遗产，我来自一个节俭朴素、知足常乐的家庭。但我忘记了这一点，也许我根本就没有意识到。

这一突如其来的领悟不仅让我有点尴尬，也让我感到欣慰，也许是上帝早已安排好的。在我看来，中西部的乡亲们热情好客是有原因的。在他们的家里，你见不到昂贵的玩具或者他们养不起的汽车，他们更重视生活中最重要的东西，譬如人际关系、家庭和朋友。

作为中西部的一员，我感到无比自豪。现在我知道，农业社区和城镇（如贝尔维尤）的价值观和生活方式在很多方面体现了 FIRE 的实用主义、朴素的价值观。

此后不久的 11 月初，我和我表哥查基一起乘他的新船去钓鱼，自从我告诉他我要来爱荷华州长住一段时间，我们就一直盼望着这样的机会。查基是我最亲密的朋友之一，我们生日只相隔两个月。随着年龄的增长，我们的友谊越来越深厚。

高中毕业后，我和查基选择了不同的道路。我去四年制大学攻读文科学位，查基去了一所两年制的中等职业学校学做电工。

当时，我认为我肯定会更成功，因为我获得了更高的学位。直到现在我才知道我的想法是多么幼稚。当查基开始赚钱的时候，我还要再多付两年的助学贷款。很明显，十年后的今天，他的净资产比我高。但是，我新形成的观点是他仍然在远离家人的地方长时间地工作，像我过去一样买昂贵的玩具。我觉得查基生性好奇，他会发现 FIRE 的理念很诱人。而且，我知道他三天两头去钓鱼，他不愿去上班。

一天清晨，我在密西西比河上的 12 号大坝附近遇见了查基。他的新船很漂亮，配有舒适的高架座椅、钓竿架和全新的 GPS 控制的曳电机，它能帮我们停在咬钩最多的地方。

我们正在钓鱼线上打结，他突然问我到底在做什么。他知道我辞职了，搬回家住几个月，但他不知道细节，或者最重要的是，他不知道 FIRE 的细节。

我有点担心，因为我不想让我们之间的关系变得尴尬。于是，我对 FIRE 的基本理念做了解释。纪录片，新的居住地，我们的长期计划是在十年后就不再工作了……我把所有的事情都和盘托出。

查基当然愿意接受这个理念，但让他感到困惑的是，他觉得自己现在的生活方式就是 FIRE 的生活方式。

他努力工作，当电工赚了不少钱，还把收入的一部分交由当地的一位基金经理去投资。他说不准自己存了多少钱，但很多。所以，他问我，如果他已经采取了必要的措施，他真的不用工作到六十五岁吗？

我说"是的"。事实上，他比我离 FIRE 更近！我说如果他衣食无忧还工作到六十五岁，那就太疯狂了。

"我花钱不多，"查基说，"我的卡车贷款也还清了，我的房贷将在十年后还清，我几乎没有债务。"我费了半天劲才解释清楚这样的生活换来的就是提前退休。

我说他必须削减支出、降低债务水平才能实现 FIRE，听我这么说，查基有了戒备心理。我意识到他那全新的 1.9 万美元的钓鱼船可能不是这次谈话的最佳地点。

我决定后退一步。在过去，一谈到 FIRE，我就马上变得自以为是。我最不想看到的就是查基认为我在评判他的生活方式。怎么可能呢？我和泰勒的生活曾经是一团糟啊！

那天晚上，我给他发了更多关于低成本指数基金的信息和一些好的博客和播客的链接，仅此而已。

11 月飞逝而过，我与乔薇玩耍，写作，制作纪录片，和家人朋友一起围坐在餐桌旁打牌。我喜欢和家人在一起的美好时光，在以前的假期来看他们时，从来没有这种感觉。

在一个星期五，我和我父亲花了大半天的时间修好了父母家后院的一大片栅栏。我们尽可能砍掉挂在栅栏上的枝蔓，防止它们掉下来，避免造成更多的维修工程。这个活儿需要根据全局来安排如何修剪树木：把较大的树枝砍成圆木，剩下的堆成一堆，留作烧火之用。那是寒冷、清爽的一天，正是我小时候喜欢的那种天气。

我和爸爸都很开心，一边干活儿，一边聊天，甚至谈到我们可以联手购买租赁房产共同经营（我想我比他更喜欢这个主意）。天气虽然寒冷，我却出了汗，双脚酸痛，肩膀灼热，因为我站在一辆十五英尺高的拖拉机斗里把锯子举过头顶整整十分钟。职业安全与健康标准可能不允许我这样做，但钱胡子先生会同意的。

我们回到屋里时，乔薇正在她祖母的膝盖上玩，泰勒在沙发上工作。我坐在我妈妈旁边，聊起了乔薇跟他们一起度过的快乐时光。过去，我和泰勒来爱荷华州时，一次只能待一周，我们总是一边减压，一边忙着走亲访友，这就意味着我虽然想每天与家人在一起度过安静时光，却做不到。

我的父母，尤其是我妈妈一直很支持我和泰勒的这个项目。我们拍摄纪录片时，他们帮我们搬家、照看乔薇，在我踌躇不前之际给我情感上的支持。如果我没有听过那一集播客，我就不会有机会在爱荷华州看见我妈妈跟乔薇玩，想起来真是太不可思议了。

对我来说，那是一个幸福的时刻。我们早期的旅程中有许多这样的时刻，这些时刻就是我们所追求的目标和 FIRE 理念的缩影。我们在舒适区之外旅行去寻找更幸福的生活。有时，旅程很艰难：从这家到那家、和父母住在一起、把我们的东西放在后备厢里，不知道哪里是归宿。但这种不适是为了追求像今天这样的快乐时刻，这一切都值得。和我的家人在一起待在一个地方，和爸爸一起在户外工作，和妈妈一起聊天——这些简单的快乐证明我们所走的路是正确的。

12 月初，我们在爱荷华州的旅行就快结束了。我们计划在圣诞节前一周返回西雅图和泰勒一家度假。过完新年以后，我们将去本德小住三个月。

这次旅行很成功，尽管我和泰勒都觉得我们与我家人的关系更近了，但我们还是兴致勃勃地去寻找我们的新家。

几天后，妈妈问我和泰勒喜欢什么圣诞礼物。所有美好的感觉顿时消失了。泰勒和我隔着桌子对视了一眼，在我们的预算中没有圣诞礼物这一项。当我妈妈谈论了她的计划时，这个简单的期望，这个一年一度的感恩和爱的仪式，让我们彻底崩溃了。

我妈妈说了她给亲戚们买的礼物，又提起了几个即将到来的假日派对，建议我们带一些简单的礼物给派对的主人。但我和泰勒唯一的"礼物基金"是我们每月150美元的"购物"预算，我们已经从中取钱买了葡萄酒、巧克力、纸巾、洗衣粉和其他杂物。

我和泰勒有没有圣诞礼物无所谓，但我们的父母、乔薇、泰勒的妹妹和姐夫、我们的外甥女，还有我们所有的朋友都在等待着我们的礼物。可买礼物的钱呢？

在过去，我和泰勒经常花1500多美元买圣诞礼物，我们在这些礼物上花了很多心思，因为礼物表达了每个人对我们的意义。我们自认为是慷慨的人，现在仍然如此。然而，可能是因为急于实现FIRE，在所有的预算中，我们都没有把圣诞节计划进去，没有留出可以慷慨购买礼物的钱。

我知道我们不能再花1500美元了，但过圣诞节也不能不给家人买圣诞礼物啊！那样不仅是对慷慨地招待我们的人的无礼和忘恩负义，也是对我们一生所享受的传统和习俗的蔑视。

送圣诞礼物并不是随着年龄的增长形成的不好的消费习惯，那是我们童年的一部分，深深扎根于我们的记忆中，是维系亲情的纽带。

我和泰勒在卧室里商量着将我们"购物"基金中剩下的93.22美元用于给大家购买圣诞礼物。但这是不可能的事。

我们的讨论很快变成了节俭给我们带来了很大的压力，让我们耗费了很多的精力，并且开始给一切蒙上了阴影。

就在一周前，我们产生了一种被软禁在父母房子里的感觉：一连四天，都在家和父母一起吃饭，除了偶尔散散步以外，我们几乎没有离开过家。我们发誓不再去外面吃饭，但这时计划仿佛失效了，我们真的很想出去吃晚饭。于是我们说："去他的吧。"我们屈服于自己的欲望，在一家口碑不错的餐馆吃了饭。结果发现，这菜还没有我妈妈做得好呢。我们吃完饭后懊悔不已。我们让过去的自我占了上风，而这一切都不值得！

尽管过节俭的生活是如此艰难，我仍然不想放弃。我审视着预算找寻着需要削减的地方，我建议不再喝啤酒和葡萄酒，虽然我们两一直都很喜欢喝。

"当我同意离开圣地亚哥时，我告诉过你，我不会放弃葡萄酒和巧克力。"泰勒说，"我已经放弃了家和我的车，离开了我的朋友们，我跟我的公公婆婆住在一起。这就是我的底线。"

她说的是对的，听到她大声说出来，我想起了我们已经放弃了太多太多。几个月来，我们彻底颠覆了自己的生活，却还是不够。

如果我们无法执行每月 4200 美元的预算，一旦我们有了房租或按揭贷款该怎么办呢？我们还要放弃多少呢？即使我们现在能做到，五年后呢？我们实现财务自由了怎么办呢？难道我们"退休"后的生活就是不能去餐馆就餐，没有圣诞礼物，无法去国外旅行吗？

我自己还没有完全承认，但事实上，我已经不再抱有幻想，对践行 FIRE 失去了信心。我们做出这些重大决定时的那种激情已经消失殆尽，留下的是跟以前一样地工作、生活，只是奢侈品和便利更少了，承诺过一种低成本生活的激情一去不复返了。

事实上，每当这个时候，我就在想别人是如何通过 FIRE 实现财务自由的。他们在选择节俭的生活方式后就没有压抑过吗？难道他们从来没有想过把预算抛到九霄云外，活得潇洒点吗？

我对 FIRE 还有其他的担心。几个月前，我读过一篇名为《财务自由，提前退休：有缺陷的理念？》的文章，文章指出了其中的一个缺陷是潜在收入损失的幅度。FIRE 社区专注于十到十五年的财富积累期间极大的赚钱能力，正是这种财富积累才导致提前退休。然而，正如这篇文章所指出的那样，如果你真的提前退休，你就停止了储蓄，你失去了对未来二十到三十年的投资基础，而这二十到三十年正是典型的职业生涯中收入最高的年份。

提前退休也会减少一些人对社会保障的贡献，从而降低他们晚年的社会保障福利。FIRE 的生活方式会不会给孩子们树立坏的榜样呢？

谈话的时候，我和泰勒很快就跌入了黑兔子的恐惧与怀疑之洞。如果我们当中有一个人突然生病怎么办？如果我们的家人需要经济上的帮助，而我们不能伸出援助之手怎么办？我们不工作，怎样才能攒下供乔薇上大学的基金呢？

最后，我们都同意带着我们的焦虑睡觉，第二天早上再谈。无论如何，为了继续前进，我们必须摆脱焦虑的袭扰，重新找回我们最初对 FIRE 的激情，首先我们要记住我们为什么要这么做。

为上大学攒钱还是为 FIRE 攒钱？

践行 FIRE 的家庭有时觉得他们必须做出选择。为提前退休攒钱还是为孩子上大学攒钱？用什么样的方式对待孩子更好？"让他们自食其力"还是"为他们的生活做好准备"？这是我和泰勒经常谈论的问题，由于我们没有具体答案，我们目前的计划是等乔薇一开始工作，马上督促她向罗斯个人退休账户存款，让乔薇的复利计算器尽早启动。

我们还打算跟乔薇谈谈符合 FIRE 原则的上大学方法，如上社区大学、关注奖学金、住在家里，或在暑假打工来支付她的学费。我和泰勒决定不在大学储蓄账户里存款，因为对我们和乔薇来说，大笔资金只用于特定的目的就会失去灵活性。财务自由的一个方面就是按你的选择使用你的钱。

　　第二天早上，我还是感到同样的压力和怀疑。我想和泰勒与乔薇单独吃顿安静的早餐，但我父母当然也在，所以我不能如愿。我不喜欢他们在场。但我怎么能有这样的想法呢？我的父母为我们提供住处，为我们打扫卫生，提供免费日托，还供我们吃喝，我深知自己是多么幸运。我敢肯定这对他们来说也不容易。

　　我感谢我的父母为我们所做的一切，但我怀念我们以前在圣地亚哥的生活，我想念我们的朋友，我甚至怀念以前工作的舒适，虽然这个念头一闪而过。

　　我搞砸了吗？我和泰勒在开始我们的旅程之前已经达成了协议。我们可以在任何时候回科罗纳多，难道回科罗纳多的时刻到了吗？那太好了！爱荷华州的 12 月真是太冷了，而加州现在微风习习，不冷不热，温度在六十五华氏度。泰勒隔着餐桌看着我，我知道她在想同样的事情。

　　整个上午，我都在互联网上看有关 FIRE 的负面文章。我打算调整我们的预算，使我们能够买得起圣诞礼物。我头昏脑涨，理不出头绪。之后，我决定去修补篱笆逃避烦恼。我穿上工作服，冒着严寒帮助我爸爸完成修补篱笆的工作。我们一起工作，沉默不语，切割枝蔓的速度比以前更快更高效。后来，他说我和泰勒似乎都很压抑，他问我们是不是有什么不顺心的事，我把我们的节俭生活和我们为此所做出的牺牲告诉了他。

我问："我是不是在强迫我的家庭过节俭的生活呢？我们本可以住在海边的。"

我爸爸笑了说："孩子，看看周围的人怎么生活吧。"

他说他和妈妈一直过着节俭的生活，即使他们买得起更多的东西也从不奢侈。我父亲在一个节俭的家庭里长大，吃穿不愁，不过也仅此而已，所以他理解苦日子的难处。

"在我们像你这么大的时候，我们并不富裕。我们很少花钱，像你一样长时间工作，但我们熬过来了。"

我向爸爸表达了我所有的疑虑。我们在冲动的指使下，匆忙地践行 FIRE 的生活方式。我想拍一部关于生活方式选择的纪录片，难道我还在理解的过程中吗？毕竟，我听说这个生活方式才几个月，但我已经为这个生活方式做出了一系列生活上的重大决定。

"哦，你总是很冲动，"他说，"你听说了一个理念就想去实现它，你倒是雷厉风行。"

他说得对。我的成年生活里充满了激情。起初我的热情很高涨，但随后这种热情往往会慢慢减弱，然后，我会开始着手下一个项目。

"但如果这真的是个坏理念呢？它行不通怎么办呢？"

父亲停顿了一下，用慈父的口吻直截了当地说，在他看来，这么多年来，我所从事的一些项目和付出的努力都毫无意义，只是一次又一次地试错，但这一次，他想 FIRE 是赢家。

"斯科特，这个规划不一样。你对 FIRE 和纪录片感兴趣，我们真的为你们俩感到惊讶和自豪。我们从来没有想到你们会离开科罗纳多，坚持下去吧。"

此外，他说我妈妈读过我给他们的那本柯林斯的书《致富捷径》，还做了一些研究，决定把他们所有的退休储蓄都用于投资指数基金。如果这是个坏理念，他说，那他就和我一起被愚弄了。

几个小时后，我收到了查基的短信。他已经注册了一个预算工具并补充说："我讨厌看到把那么多钱花在没有用的东西上！我承认 FIRE 非常棒。"

所以，我们的钓鱼之旅终究是成功的。经历了担心和怀疑之后，看到世界上我最喜欢的人已经被 FIRE 打动，我终于松了一口气。

在这之后，我对 FIRE 的焦虑平复了下来，但我决定打电话给布兰登，也就是那个疯狂的 FIRE 践行者，跟他说说我的担忧。

我是不是反应过激了？我的担心合理吗？他也有过同样的怀疑吗？如果是这样，他是如何处理的呢？布兰登耐心地听着，承认在他早期的旅程中也有过类似的苦恼。他明白极端追求节俭会导致抑郁并与他人断绝往来。

他说他和我显然有一个共同特征：不耐烦。他告诫我，谨防沉迷于 FIRE 以致危及我日常的幸福。钱胡子先生皮特也在一篇名为《幸福是唯一合乎逻辑的追求》的博客文章中指出了这一点。在这篇文章中，皮特说，我们的关注点不应该是钱，而是理解让我们真正快乐的是什么，然后做出能提高我们长期幸福感的选择。

接下来，我问了布兰登一个更实际的财务问题。如果市场表现不如预期那么好怎么办？从某种意义上来说，我们是把整个生活方式都赌在了一系列财务假设上，如果这些假设不成立，那就会导致我们的牺牲毫无意义。

这是在 FIRE 社区内一个颇有争议的话题，布兰登陪着我看数字。结果是，"财务自由"完全是自我定义的。你需要存多少钱、存多长时间，取决于你花了多少钱、通货膨胀率、你所得到的实际的市场回报，还有其他成百上千的因素。

撇开具体数字不谈，布兰登强调耐心和灵活性是 FIRE 方案中重要的组成部分。如果专注于在预定的日期内实现财务自由和沉迷于市场回报，那么每一项支出都可能是有害的。

如果你遵循 FIRE 的核心原则。只要少花钱多赚钱，高储蓄，你就会提前退休。具体在八年、十年或十二年后退休真的很重要吗？打比方说，如果股市持续下跌，退休时间就必定会延迟。"事物的发展是有其规律的。"他提醒我说，大多数人在实现财务自由以后仍会继续工作来创收，因为他们在追求他们的激情。

在现实中，一个人 FIRE 前和 FIRE 后的生活可以有机地融合在一起。实现财务自由的具体日期要么是一个模糊的、不断变化的目标，要么只是日历上的一个勾。"确定一个方向，去追寻你想要的生活吧。"布兰登建议说。

"但是工资损失的问题呢？"我问。如果退休意味着每年损失 10 万美元的收入，二十年几乎等于放弃 700 万美元啊！布兰登笑了。

"斯科特，"他说，"FIRE 要弄清楚的是你需要什么才能过上幸福的生活。你需要 700 万美元做什么呢？买游艇俱乐部会员资格和宝马车吗？"

他说得对呀。回到一开始，当我和泰勒列出了所有让我们快乐的东西时，我们列出的是与所爱的人保持联系，而不是奢侈品，不是 700 万美元。

布兰登重申："这不是钱的问题，钱是一个优化你生活阅历的工具。现在去研究它吧。"

从那时起，我了解到我和泰勒在爱荷华州的经历不仅完全正常，而且是追求 FIRE 的人们的一个通过仪式。我们太极端了，走得太快了。

我们对 FIRE 很感兴趣，总想把所有可能的花费都砍掉，而不考虑长期效应。当激情过后，我们发现自己被一种生活所束缚，在这种生活里，我们舍不得花钱，觉得 FIRE 一点也不好玩。

当然，每个人对于极度节俭的看法都是不同的。对一些人来说，每年花费 1 万美元就是极端节俭。对另一些人来说，每年花费 10 万美元就是极端节俭。而对我们来说，更关心存钱而非享受生活、善待自己就是极端节俭。棘手的问题是，花 200 块钱与朋友共进寿司晚餐很容易被当作个人享受，从而将其合理化，这是不对的，但不买圣诞礼物而且总喝便宜的酒也是不可取的。我和泰勒必须在节俭和放纵之间找到一个平衡点。

在这个问题上，我的导师之一是 J. D. 罗斯，他是博客"慢慢富起来"的博主。

J. D. 开创了第一个个人金融博客是为了让自己负起责任。他想还清债务，控制开支。他成功了。一年后，J. D. 平生第一次没有了外债。后来他的博客发展壮大，成了最受欢迎的个人金融博客之一，他最终卖掉了博客，赚到了足够的钱，获得了财务自由。

在 FIRE 社区，J.D. 关注的是 FIRE 背后的情感和心理。他花了很多时间思考为什么要财务自由。

最近，J. D. 帮我起草了一份个人使命宣言。这项练习对任何人都有效，不管其经济地位如何，而且对追求 FIRE 的人来说尤其有效，因为他们可能把所有的鸡蛋都放在"当我退休时，我就快乐了"这一个篮子里。该练习包括回答三个问题：

· 你最重要的人生目标是什么？

· 如果你只有六个月的生存时间，你会过什么样的生活？

· 你想如何度过接下来的五年？

我是这样回答这些问题的：

· 我的家庭就是我的一切，所以我最重要的人生目标是，尽可能多地为他们服务。有时候我觉得未来很渺茫，所以当我和家人在一起的时候，我的人生目标就是活在当下。

·如果我还有六个月的生命，我会尽可能多地和我的家人在一起，并且反思我的生活。

·我是一个梦想家，我喜欢思考未来！我想用接下来的五年来实现创业的愿望，同时尽可能帮助更多的人（包括我自己和我的家人）实现财务自由。

最后，将所有的答案组合成一份宣言。下面是我的练习最后的描述：

> 当那些爱我和依赖我的人需要我的时候，我会出现在他们面前。我将过上富足、幸福、充实的生活，我一定会让别人也这样做。

布兰登和 J. D. 这样的人让我明白了 FIRE 不是把每一分钱都存起来、以最快的速度退休，而是建立一种与你人生大目标一致的生活方式，不论你是否继续工作。

"退休"并不能解决所有问题，在 FIRE 的生活方式里，它只是你的价值观与你的选择一致的自然结果。

那个圣诞节是怎么过的呢？当我们离开爱荷华州准备回西雅图度假的时候，我们已经解决了礼物问题。

乔薇太小了，我们本想给她包一块肥皂，虽然那样她会很高兴的，但我们最终给她包了一些旧书，她很喜欢。我们给外甥女买了新的礼物，因为我们不想让我们新的生活方式与他们的记忆和传统发生冲突。我们决定放弃给朋友买礼物，这在我们旅行的时候很合理，没有人注意到。

最后，我们说服家人同意了一项长期的解决方案：我们的关注点不应该是礼物，而是低成本的体验和共度时光的快乐。我们创建了一个一年一度的神秘圣诞老人抽奖，这样我们每个人都会有一段和另一个家庭成员的有趣经历，我们会和我们所爱的人共同创造乐趣和新的回忆，这是值得永远珍惜的。为了节俭吗？不完全是。有意为之？绝对的！

展望未来，我和泰勒还在研究送礼的问题。我们如何做到既尊重过节的气氛又不打乱我们的财务目标呢？我们如何在不用钱和礼物的情况下，向人们表示他们对我们的重要性呢？

此外，适用于某一场合，某一年甚至五年的东西，不一定总适用。随着乔薇逐渐长大，她会对礼物有不同的期待，我们的生活方式会改变，我们的财务状况也会改变。不过，目前我们计划每月存 50 美元作为礼物基金。

我们从那个特别的圣诞节中学到的真正教训是灵活处置。我们认为，对我们的生活造成伤害和压力的节俭不符合 FIRE 原则。

第十一章

梦想的房子还是梦想的生活?

本德是我们的梦想之城。

在本德住了几周后,我们意识到我们已经深深地爱上了它,不需要考虑任何其他城市了。

在本德,你可以骑自行车,进行户外活动,与我们的FIRE预算非常契合。本德一年中有近三百天的日照时间。在圣地亚哥的时候,我读到过《华盛顿邮报》上的一篇关于本德的文章,当时我觉得其中的描述很难让人相信。这篇文章写道:

这座城市是俄勒冈州中部最大的城市,有七十一个公园和四十八英里长的休闲步道。用不了一小时就能到城外,在那里，你会发现二十六个高尔夫球场。在德舒特河上有激流泛舟和飞钓，在巴登士山上有一千多条登山路线，三千六百多英亩可用于滑雪的场地……

你可以在该地区的四十个湖泊里冲浪，去三姐妹荒野或者去位于市中心的飞行员巴特顶峰①徒步旅行和露营。利用一些漂浮的东西，如一个内胎或者一个充气床垫，可以沿德舒特河舒缓的支流漂流而下，从本德公园可直达市中心。只需花上 5 美元就可以把你送回到你的车旁……

《宠物狗》杂志称本德是美国最适合养狗的城市。

想找出这个城市不完美的地方很难。

随着我们对本德了解的加深，我不得不承认那篇充满赞美之词的文章应该是准确的，而且它还没有提及那些了不起的学校呢！

在最初的几周里，我们把本德逛了个遍。我们参观了公园和附近的城镇。

我们加入了美国森林管理局免费引导的雪鞋远足，游览了美丽的德舒特河国家森林。这里没有汽车的轰鸣声，靠近荒无人烟的地区，总体上让人觉得悠然自得，这一切都让我

---

① 一个四百七十九英尺高的火山锥。

们深深爱上了本德。

我不用浪费时间开着车到处找停车场，在一次去副食店的旅途中，有人向我请教有关烹饪的问题，目光所及之处人人笑逐颜开，当我抱着一堆杂货走出店门时，有人为我打开门。

本德把大城市的便利设施与小城镇的社区意识结合得恰到好处。

此外，在四处奔波的几个月里，我和泰勒都是每日躺在沙发上或者猫在客房里，现在我们都巴不得能在一个地方安顿下来。

我们本来打算在本德租一年左右的房子，看看情况再说，可我们放弃了这个打算，几周后我们就决定开始找要买的房子。尽管我们本来希望4月到6月去夏威夷为人看家，但我们还是想提前找到房子，这样我们就能锁定低利息率。

现在，我们想花时间在本德找到新家，我们不想浪费一年的租金，我们还要省下这笔钱买房呢。

在买房子之前，我们必须买一辆车，一辆大约5000美元的车。我想尽可能按布兰登的建议去做。花5000美元，还不买"油耗子"。只是有一个小问题，冬天——此时正是冬天——

这个山区常有暴风雪，有时连续一周气温保持在零下十几度，本来陡峭的道路结了冰更是危险难行。

我想买一辆省油的车，但是在我们前轮驱动的马自达汽车打滑之后，我知道我们将来需要的是四轮或全四轮驱动汽车。我登录汽车网站，在本德四处寻找，但我很快意识到，花 5000 美元买一辆带四轮驱动的车是不现实的。我感到很沮丧，于是，我稍微增加了一点预算看看会怎么样。

嘿！我找到了一辆四轮驱动的丰田，正是我的理想选择，刚刚跑了十万英里。车况完好，还没有转手过，只要 12 500 美元，就能得到一辆四轮驱动汽车，太便宜了！

第二天，我和来本德看望我们的父亲仔细检查了这辆车。我父亲认为我们应该买下这辆车，它再跑十万英里没有任何问题。但我的 FIRE 理念又让我举棋不定。四轮驱动，每加仑汽油只能跑十六英里，而它的价格是我预算的 2.5 倍。

其实在这辆四轮驱动汽车之前，我还看到了一辆 2006 款的本田 CRV，行驶里程是十七万九千英里，售价 7500 美元。嘿，有意思啊！我预定了 CRV 的试驾。车内很宽敞，引擎发出低沉的震颤声，每加仑汽油能跑二十五英里，保养记录很完整。此外，它还有一套全新的雪地轮胎！

尽管行驶里程高，但这辆车定期保养，并且还没有倒过手，所以我觉得应该买这辆本田车，听这发动机的声音，这车正当年呢！而且，即使这车只能开上几年，也比我那辆贬值的马自达划算。如果能多用几年，那就更好了。我已经下定决心要尽可能多地骑自行车，所以这辆车会给我带来额外的奖励。我在汽车上累积的里程数越少，汽车使用的时间就越长，我们花在汽油上的钱就会越少，而我们对地球造成的污染也就越小。

经过市场评估，我决定给这辆 CRV 出价 6500 美元。他们接受了这个价格。我们开着我们的新车离开了。虽然不是5000 美元，但已经很接近了。

那天晚上我把 CRV 停在我家车库前的车道上，我意识到这是我成年后第一次用现金买的车并直接开回了家。

作为一个三十四岁的人，我不知道自己是哭着还是笑着进入了梦乡。无论是哭着还是笑着，这是 FIRE 生活方式的又一次胜利。现在我们有了节俭型的二手车，我在转让网站上登出了我的马自达的租赁广告，并准备开始买房子了。

我们新的梦想城市唯一的问题是，好像它也是其他人的梦想之城。

我们在厄瓜多尔的时候，本德的房价就一直在上涨，当时我们做的预算是租房 1500 美元，买房 40 万美元。在圣地亚哥，我们研究本德的时候，房价更是一路飙升。

根据在线调查，我们的预算似乎是现实的，我和泰勒想象着我们的本德之家有三间卧室，带有落地窗。宽敞的后院里有建造工作室的空间，离自酿小酒屋的路程都在步行或骑自行车的范围内。

毕竟我答应过泰勒，离开圣地亚哥会让我们以更低的价格找到一个有同样生活质量的地方。在一个可步行的社区拥有一个美丽的家是带给我们幸福的关键所在。

现在，我们不那么乐观了。我们逐渐了解了本德的地理、社区和学区，我们意识到以前我们在网上看到的房子大多数远离市中心且条件很差。

我们想要的社区里的房子被争来抢去，人们争相出价，出价甚至高出了要价。在我们买得起的社区里，房子对我们来说不是太小，就是不管去哪里都要开车。

"我早就想好了，如果我们到了本德，就不再让步。"当我试图说服我们实际上并不需要三间卧室时，泰勒这样说道。

"不买三间卧室的房子就是让步。"她说得对。我们离开了我们喜欢的地方已经做出了让步，我们没有打算要在买房上让步。

然后，我们找到了我们梦想中的房子。它坐落在山中一块四分之一英亩的土地上，距离咖啡馆、附近的市场和几家餐馆仅几步之遥。

房子有一个大木制平台，可以俯瞰巨大的院子。中世纪风格的现代化设计能够让人通过客厅里的一排窗户看到大片的美丽松树。泰勒一走进客厅，就立刻被眼前的景色迷住了。

"这就是我们的房子。"当我们参观后院时，她低声对我说。房子有一个工作室和一个鸡舍。我也有同样的感觉，这所房子简直就是专门为我们建造的！即使我们自己从零开始建造一座房子，也不能保证像这所房子一样让我们如此舒心。

唯一美中不足的是，它稍微超出了我们的预算，要价是48万美元，而不是我们预算的40万美元。也许在其他方面省下来的钱可以抵消成本？

当我们离开的时候，我们想在圣地亚哥买一套勉强能住人的房子，离科罗纳多一小时车程，要花50多万美元。在本德最好地段买到一座理想的房子，我们会少花2万美元。我们想尽办法削减其他开支以便买得起这所房子。

"也许我们可以推迟我们实现财务自由的日期，"我说，"只要我们愿意多工作几年，我们就能把这房子买下来。"泰勒显得有些犹豫。是啊，我们每年不停地工作的同时也在不停地变老啊。

"今年，我要是赚到几大笔佣金就好了。"泰勒道。她的部分收入来自佣金，她总是有机会接待更多的客户。"在今年余下的时间里，我可以每周多工作几个小时，我们可以通过这种方式弥合差距。"

一个反驳的声音在我的脑海里尖声说道，也许这不是个好主意。毕竟，FIRE 的主要理念是，买房或租房花的钱应该不超过你的支付能力。当我和泰勒离开加州时，一个主要的目标就是不再支付这么多的住房费用，然后开始存钱。

我们的房地产经纪人告诉我们，这所房子的价格很可能会迅速上涨，如果我们想提出报价，那就越快越好。

当我和泰勒回到家以后，决定在附近走走，尽快做出决定。当我们把乔薇放进婴儿车里走出去时，太阳正在落山。那天晚上，天气预报说会下雪，但此时的天空清晰可辨，也没有风。

过了一会儿，泰勒拉着我的手说："老实说，我从没想过，住在科罗纳多以外的地方能让我幸福，但我错了。"我点了点头，告诉她，本德就是我们一直苦苦寻找的那种小镇，只是我们还没有真正认识它。我们梦想着在这样一个宁静、安全的小镇上抚养乔薇长大成人，我们会和她一起去户外探险，尤其是当我们没有工作的时候。泰勒有这种感觉是令人喜悦的，我那种辜负她的恐惧逐渐消失了。

"别犹豫了。"我说，"咱们买下这栋房子吧。"

我们在人行道上停了下来，我给房地产经纪人打电话告诉她，我们想出价买下那座房子。那天晚上，我们打开一瓶酒，为我们的未来干杯。

在新的城市里，我们有了新的家，开始了新的生活。

第二天，房地产经纪人打电话来说，这座房子有多人给出了报价，如果志在必得，我们必须提高报价。

"这个报价已经超出我们的预算了。"我告诉她，"我们应该再加多少呢？"

她说，为了竞标成功，我们的报价应该在50万美元以上。兜了一大圈，我们又回到了我们在加州时的原始预算。这不是我们离开加州的目的，这不是FIRE！

但我想，这不是普通的房子，这是我们的房子啊！我们一直梦想的房子，我们永远的家啊。

此外，如果本德现在这么受青睐，五年或十年后房子会值多少钱呢？我们决定将我们的出价再提高2.5万美元，最终成交价格为50.5万美元。

在给出更高的报价一个小时后，我知道我们犯了一个错误。在一个星期的时间里，我们的房屋预算提高了10多万美元。问题不仅仅是房屋价格，而是我们又回到我们旧有的金钱观。

我们换了环境，换了我们的汽车，甚至改变了我们的消费习惯，但我们仍然以同样的方式把大宗购买行为合理化。我们仍然觉得应该得到"最好的"东西，在我们想要的东西上，我们不应该让步。但如果我们真的想找回我们的时间，花50万美元买房子就是一次挫折，而不是一次机会。

我和泰勒带着乔薇从当地的公园散步回来，我再也无法抑制这种挥之不去的疑虑了。我告诉泰勒，花50万美元买房子我觉得不舒服，尤其是如果我们对 FIRE 是认真的话。

我提出了我们在加州写的生活质量清单，我们两人都没有提到一座有着巨大窗户的漂亮房子。给我们带来幸福的事物中没有拱形天花板或全新的厨房。如果我们不谨慎，我们梦想的房子可能会阻碍我们实现真正的梦想。

"我是否会喜欢这种方式，我也说不准。"泰勒说。

她说我们可能得继续寻找其他更便宜的城市。毕竟，我们离开圣地亚哥是为了逃离那里很高的生活成本，而现在，我们在这里进行着同样的对话，不同的是在一个新的城市。

尽管我同意她的逻辑，但我还没有放弃住在本德的想法。如果我们的目标是把时间找回来，那么搬到最便宜的地方去、买最便宜的房子不是合情入理吗？但我记得布兰登对走极端发出的警告。

对我们来说，平日的满足感和我们的 FIRE 计划之间的平衡点在哪里呢？怎么样才能做到最大限度地储蓄，同时又不让储蓄剥夺了正常的消费呢？不需要的奢侈品和能够带来真正幸福的购买之间有什么区别呢？

这时我想起了"疯狂五神"对金融专家迈克尔·凯慈的采访。这就是他在采访中说的那段话：

我大半生都住在大房子里，这房子的开支起码占到了我收入的 20%。实现 FIRE 后，大多数时候，我住房的开支还不到我收入的 10%。

当你把收入的 10% 用在住房上时，对于是否攒钱买一杯 5 美元的星巴克咖啡这类事，都不用过脑子。想喝就买，我不在乎。当你把重要的事情做好了，那你管理日常琐事时就会惊奇地发现，其实一次性的东西加起来也不算多。

我和泰勒都知道这些较大的购买决定是关系到 FIRE 成败的关键。强调是否在昂贵的名牌咖啡上一掷千金是一回事，强调买房则完全是另一回事。但正如凯慈所说，如果你消除了巨大的压力，那么其他小的压力往往也会消失不见。

这座房子不是解决问题的办法。我打电话给房地产经纪人，我们想撤回我们的出价。我和泰勒都同意在去夏威夷的旅途中重新考虑其他城市。本德太好了，好到不像是真的。

FIRE 故事：汉娜，科罗拉多州丹佛
FIRE 是如何促使我们全家重新评估这一切的

财务自由前的职业：营养师

目前年龄：三十六岁

预计财务自由年龄：四十六岁

目前年度支出：5 万美元

FIRE 对我来说意味着什么

10 月的一个晚上，我和丈夫杰西在半夜收拾行李逃离一场熊熊的野火，起火点离我们家不到一英里。这场野火让我们知道了什么叫世事无常，我们放弃了想象中的未来，走向了未知的未来。

我们认为我们可以放弃房子，放弃高生活成本的区域，放弃我们稳定的工作，挑战传统的"成功"范式，找寻全新的生活，这种生活有更多的自由、冒险和成就感。

我的 FIRE 之路

在我们发现 FIRE 之前,和两个孩子住在加州的索诺玛县。虽然我们俩的收入加起来每年有 10 万美元,但我们没有储蓄。

我们在脑海里描绘着我们的未来。两个孩子、一只猫、一条狗,每天在高生活成本地区辛苦地工作,期盼着过上贴近我们价值观的生活。我们睁大眼睛,感觉自己好像从一种深深的、无意识的消费者的睡眠状态中走了出来。

就在这个时候,一天晚上,我们被烟味和时速八十英里的呼呼风声惊醒了。我们跑到外面,感受到了袭来的热风,天空中除了一堵烟墙外,什么也没有,我们决定离开。

我用几分钟把一些割舍不下的东西和必需品塞进手提箱里。当我这么做的时候,我从不同的角度观察我的每一件东西:把它装进行李箱有意义吗?

十分钟后,我们就离开了我们的房子。我们不知道我们回来时见到的是一座房子还是一堆灰烬。大火席卷了整个镇子,摧毁了五千多座房屋。这是加州历史上最具毁灭性的野火,起火点就在距我家一英里的地方。

一夜之间,我们的许多朋友失去了一切,一些人甚至失去了生命。在接下来的几周里,当我们回到我们的房子时,我们意识到是做出改变的时候了。

所以,我们扔掉了三分之二的家当,辞掉了工作,卖掉了房子，离开了家乡。我们告别了家人，带上两个年幼的孩子（当时大的七岁，小的才一岁），去全国各地寻找我们的新家。

在四个月的时间里，我们驱车一万一千多英里，穿越二十六个州，参观了五所研究生院，拜访了十四个朋友和他们的家庭成员，完成所有这一切的总预算每天不超过 140 美元。

带孩子们一起长途旅行不是简单的事情，但旅行增进了我们家庭成员之间的亲情，这是非常重要的。一路上，我参加了求职面试，在丹佛找到了一个很好的工作机会，丹佛也成了我们旅程的最后一站。

简而言之

√ 我们在年轻时就做出了合理的财务选择，是以典型的方式开始这一切的。

√ 我们花了 38 万美元买了第一套房子。四年后，我们以 60 万美元的价格卖掉了它，房价的上涨一定程度上是因为一场自然灾害。

√ 离开加州后，我们离财务自由更近了，但仍然需要七到八年的时间。

√ 我们认为自己刚刚踏上 FIRE 之路，我们还有很多东西要学。

最难的部分

在通往财务自由的道路上，我们要卖掉我们心爱的房子，丢下我们的朋友和家人去寻找成本更低、就业机会更好的地区。我们本打算在那座房子里抚养孩子长大成人，终老一生，所以卖掉它是我们面临的最困难的事情之一。

我们的下一步行动带来的刺激（我们从房子上赚的钱）激励着我们，但我们也真真切切感受到了损失和悲伤。

最好的部分

我们在创造我们想要的生活时有选择权和自主权，我们选择的生活方式是基于我们的梦想和成就感，而不依赖于消费文化的空洞承诺。

我给您的建议

承认生活的不如意并敢于冒险，记住一切皆有可能。只有这样，你才能更接近你真正想要的未来。

第十二章

找到我们的 FIRE 朋友

"你确定我们走的路是对的吗？"泰勒焦急地问道。当时，我们的方位在西雅图以东三十英里。我们的行车路线从高速公路转向了双车道公路，又转向了林荫掩映、蜿蜒曲折的乡间小路。在这里，我们的手机没有信号。

那是 2018 年 5 月底，我们正前往一年一度的"八字胡"夏令营，让我担心的是，我费尽口舌说服泰勒去的夏令营可能并不适合她的口味。

在过去的两个月里，我们一直住在考艾岛，为泰勒的几个朋友看家。天有不测风云，我们的旅行赶上了考艾岛历史上有记载以来最大的降雨，大雨导致了大规模的泥石流和洪水泛滥，许多道路和海滩被迫关闭。

正因为如此，我们天堂般的田园时光并没有如期出现。本来，我们打算通过享受假期来省钱，每天去海滩，领略夏威夷的自然风光。由于暴风雨的影响，过去的几周，我们都猫在朋友家里。我们的预算不允许我们去看电影或者像以前一样去外面吃饭，这让我们感到很沮丧。

有一次，我们破例去了一家不错的餐馆花 100 美元吃了顿海鲜晚餐。海鲜很好吃，所以我们没有后悔，只有一点懊恼。

我们原打算在夏威夷待到 6 月，所以去"八字胡"夏令营不在计划内，再说也不太可能买到票（六十张票通常几分钟内就卖光了）。当一个与会者要因公出差，主动卖给我们两张票的时候，我们觉得不能拒绝这个机会。

我们准备离开夏威夷，我们需要一些激励来帮助我们坚持新的节俭预算。我们用旧的信用卡积分买了去海特的机票，把乔薇留给泰勒的父母看管，从西雅图开车去和一群 FIRE 积极分子共度周末。

终于，我的车灯照到了砾石路旁边的一块小木牌。很快，我们就把车停在了一个乡间农舍的大门前，我们已经到达了"八字胡"夏令营。

"八字胡"到底是什么？

按照官方的说法，"八字胡"指的是那些按皮特·阿登尼的文章行事的人。

在 FIRE 社区，"八字胡"的标签已经代表了某种特定的思维方式。"八字胡"们遵循皮特的文章里的指导方针，非常节俭，他们的目标是把年开支控制在 4 万美元以下。

他们想方设法将消耗减少到最低限度，如减少购买消费品，买更省油的车或者干脆放弃开车，减少使用暖气的频率。

他们根据自己的价值观做出决定，而不是随波逐流。他们以"自己动手"为荣。他们自己动手修车，利用信用卡奖励降低旅行成本，自己安装太阳能电池板。也许"八字胡"的主要指导方针是理性、周全地考虑生活，包括购物、保健、度假、维系友谊等等。总之，"八字胡"永远把追求幸福放在首位。

当我第一次买到"八字胡"夏令营的门票时，我决定带摄制组一起去采访。这个为期四天的研讨会，是不可多得的机会。和其他"八字胡"一起闲逛肯定很有趣，还可以采访和拍摄真实的 FIRE 践行者。经过反复请求，夏令营组织者终于同意让我的五人组（包括导演特拉维斯）进入静修中心一整天。

"八字胡"夏令营对我和泰勒来说也是一个结识新朋友的机会。我知道我们需要建立一个追求 FIRE 的社区，用来得到道义上和组织管理上的支持。

我总觉得我们像在艰难地逆流而上，有些人把在家里吃饭、去当地的旧货店购物当作很正常的事情。跟这样的人在一起，我们感到很开心。另外，每当我们遇到 FIRE 社区的人的时候，我们都会从其疯狂的冒险中学到一些新东西。

静修中心是一座隐藏在树林中的大木屋，设有会议厅、餐厅和两层楼的宿舍式房间，里面有双人床和公共浴室。

静修中心四周有几英里长的徒步旅行路线，还有一条有瀑布和溶洞的小溪。然而，"八字胡"夏令营明确表示，任何人不得住包间，一起来的夫妻也不行。

当我把这个消息告诉泰勒时，她做出了一副"除非我死了"的表情。

"这是世界上最大的'八字胡'盛会！"我告诉她。

"那他们也不能不考虑我的感受，"她回答，"我不会在树林里跟我不认识的人合住一个房间。"

我答应泰勒，如果我们不能住包间，我们就睡在车里的睡袋里。她勉强答应了。

谢天谢地，我们没有机会测试我们爱车的舒适度了。我们在二楼得到了一间舒适的房间，可以看到外面的小溪和森林，并且没有其他室友。

安顿好我们的房间后，我们去了大会堂，会堂里早已挤满了人。一些面孔很眼熟，皮特在台上与老朋友们打着招呼，薇姬·罗宾和一群粉丝谈得正欢，看得出来，那些粉丝对薇姬·罗宾敬佩得五体投地。但大多数人我都没有见过，他们相互拥抱，笑着打招呼，就像久违的朋友一样。

"我们带酒了吗？"泰勒低声问道。我默默地点了点头。

虽然泰勒同意前来，但她并不是完全赞同钱胡子先生的观点，对钱胡子本人也谈不上喜欢。

事实上，当在厄瓜多尔第一次见到皮特时，她甚至直言不讳地狠狠地对他说他写的文章太过武断。总的来说，她觉得"八字胡"的生活方式太极端，不适合她的口味。

在四天的时间里，她看到周围有六十个"八字胡"的铁杆粉丝，她怎么会无动于衷呢？有一些粉丝来自西雅图和波特兰，但大多数都远道而来：芝加哥、达拉斯、密歇根、弗吉尼亚，甚至是以色列。

晚饭后，有一半人去睡觉了，另一半人，包括我和泰勒，向篝火走去。

我开始与艾德丽安和亚当交谈，这对夫妇正在体验"半退休"的生活，也就是说，他们已经辞了职。

他们开着房车环游全国一年，有时打零工赚些外快。"我们正试图在享受现在的快乐和努力工作实现完全的财务自由目标之间找到平衡点。"艾德丽安解释道。

泰勒正在跟火堆另一边的一个在亚马逊工作的女人聊天，她之前在微软工作多年。那个女人说她对财务自由的渴望不是不工作。她热爱工作，但她想在避免她的家庭面临财务风险的情况下，创建属于自己的企业。泰勒找到了可以交流的人，这让我松了一口气。

那天晚上躺在床上，我和泰勒都笑了。在这么短的时间里，我们的生活居然发生了天翻地覆的变化。我们不仅自愿和一群反消费主义、沉迷于财务自由的人住在森林里，而且把他们当作知己看待。

泰勒的观点："八字胡"与天性

在践行 FIRE 的旅程中，我一直觉得我适应不了 FIRE。我想摆脱这种感觉，但我做不到。我是一个真正的加州女孩（确切地说，由西雅图女孩变成了加州女孩，但这一说法没错）。我觉得这些"住在森林里的节俭的人"会把我看作崇尚物欲的人。我最大的恐惧是我必须改变原来的我来适应这种生活方式，我知道我不想那样做。

我在"八字胡"夏令营的经历告诉我，形形色色的人都被 FIRE 的生活方式所吸引。有自己给自己理发的男士，有挎名牌包包身居要职的女士。这个运动与判断无关，而是有意的选择。

　　令人惊讶的是，我最终改变了我自己。我意识到对我来说，享受美食和美酒比穿名贵的衣服更重要。今天，我宁愿把钱花在建造舒适的家上面，也不愿意花在买服装和化妆品上。

　　"八字胡"夏令营最有趣的事情之一是他们各自不同的经历。一些来自社区的人已经实现财务自由多年，现在却不好意思谈论钱的问题。

　　另外一些刚刚听说 FIRE 的人还在考虑如何削减开支。一些独自前来参加夏令营的人说，他们不能说服他们的配偶一起践行 FIRE。标准的介绍似乎是"嗨，我的名字是某某，再有五年左右，我就实现财务自由了"。

　　如果人们提到他们的工作，那也是后加上去的。似乎没有人真正关心别人在做什么工作。

　　在最初的二十四小时里，我听到了一些十分离奇曲折的故事，包括在郊区买卖大量土地，把吃蟋蟀作为一种可再生的蛋白质来源（很难接受），旅行中的黑客，找一个懂 FIRE 特性的会计。

人们说，当你努力把收入的 70% 存起来的时候，会感觉自己是"廉价怪人"。尽管有很多相似之处，但他们的 FIRE 故事却各不相同。

研讨会的主题包括有孩子的人如何实现 FIRE、投资房地产、利用地缘套利为医疗保健储蓄、不同的削减开支战略确保你的投资最大化。研讨会始终保持 FIRE 社区的低调和民主性质，每一个研讨会由一位与会者主持。这儿没有大型的演讲，没有幻灯片，也没有麦克风，只是一群人坐成一圈，谈话、学习、分享。

第一天，我旁听了一场关于 FIRE 和特权的对话。薇姬·罗宾谈到，我们这些提前退休的人聚集在一起对社会变革产生的巨大影响。我们讨论了诸如健康保险计划，政治捐款，从小学开始培养学生的理财能力等。

研讨会并不仅仅关注金钱。我参加了一个由"八字胡"夏令营组织者之一乔主持的研讨会，他讲的是维姆·霍夫的基础知识。

维姆·霍夫，又名"冰人"，通过使用呼吸技巧来控制他的神经系统和免疫系统。他能够忍受极端的寒冷（穿着短裤攀登珠穆朗玛峰）。这与财务自由有什么关系呢？"这讲的是控制你的健康。"一位与会者沉思道。

另一个与会者则更直接地说："'八字胡主义'就是优

化快乐，这也正是维姆·霍夫正在做的事情，只是方式不同而已。"

看到 FIRE 的原理被应用于生活的其他方面，如保持健康、健身和训练坚强的意志力，我深感震惊。

就像在科罗拉多的派对上一样，皮特在研讨会的外围闲逛，而不是以"权威"的身份到处指手画脚。他常常躲在房间里面，喝着啤酒跟另一个"八字胡"聊天。

事实上，我听说皮特甚至不是夏令营组织者之一，他和其他人一样是报名来的与会者。通过整个周末的观察，我突然意识到他的确在过一种真正自由的生活，无论在经济上还是在社会关系上。他好像根本不在乎别人对他的看法，看到他被他的铁杆粉丝围在屋里时，我的看法得到了证实。

这次夏令营的高潮是攀登斯山。整个周末，前些年的与会者一直在谈论爬山这件事。

准备登顶雷尼尔山的登山者经常把斯山八英里的往返当作热身训练，因为这条路线在短短四英里内就上升了三千英尺。根据你的健康水平，你可以用四小时快速完成登山下山，也可以在天黑后慢悠悠地回家。"八字胡"夏令营还有个规矩，给那些没赶上吃晚饭的人留一盘食物。

我注意到，在 FIRE 社区里的人极其重视勇敢顽强、坚忍克己、一诺千金。人们嘲笑冬天穿四层衣服的人，因为它们的保暖性能不好。他们也嘲笑在积雪达一英尺深的情况下仍然每天骑自行车去上班的人。

当然，夏令营里除了极端的"八字胡"以外，还有一对像我们这样的"普通"夫妻。他们住在普通的房子里，室内温度保持在舒适的六十八华氏度。然而，对于参加夏令营的人来说，这次活动的意义不仅仅是徒步旅行，而是对耐力的考验，是享受在户外的机会，同时也是我们 FIRE 旅程的一个艰苦但有益的象征。

通常情况下，我和泰勒都会迫不及待地接受体能耐力挑战，但当大家都去远足时，我们故意缩在后面没有去。

我们想拍一些采访，找机会跟薇姬谈谈，我们也想找个时间独自清静一下。自从我们到达"八字胡"夏令营以来，我们几乎没有独处的机会。这说明了我们开始财务自由之旅以后的一个显著的变化。

现在我们更愿意质疑我们的活动或决定，而以前只是盲目地随波逐流。我们真的想去远足，还是想一起静静地坐在阳光下呢？我们真的需要一辆全新的婴儿车吗？乔薇那辆旧的车再用一年不行吗？我们需要梦想中的房子吗？便宜点的不行吗？

　　刚开始的时候，我们只是想在花钱上精打细算，但我们没有局限于此。在对待时间的问题上，我们变得更有目的性。我们与谁联系，我们如何谈论我们的生活。这个变化完全出乎意料，令人兴奋。我们已经脱胎换骨，变成了真正的 FIRE 追求者。

　　那天晚上，我们围坐在篝火旁看着登山者走过来，他们一个个疲惫不堪，汗流浃背。人们击掌互相祝贺，有的人说自己爬到一半就想回去，但被其余的人鼓励着继续前行。

　　"我再也不爬山了。"一位徒步旅行者说。"我很高兴登上了山顶。"另一个人自豪地说，这是她第四次登临峰顶。

　　现在，我们都安静地围坐在篝火旁。我看了看周围的几十个"八字胡"成员，他们有老有少、有男有女，高矮胖瘦，各不相同。这些人与我们一起走在 FIRE 的旅程上。

　　我们来自世界各地，是各种类型的人，有不同的信仰体系，但我们想要的却是同样的东西，我们要有更多这样的时刻。

第十三章

FIRE 正在蔓延

此刻，我在位于本德家中的办公室里写最后两章。

从窗口望去，我看到高大厚实的西黄松伸向美丽的、阳光明媚的蓝天。今天，本德的居民大多在户外活动，有骑自行车的，有徒步旅行的，有游泳或跑步的。等我写完后，我也要到户外去，带上乔薇骑车去附近的朋友家跟玩伴一起玩。

今天是 2018 年 8 月 8 日。去年的今天，我和泰勒怀揣着寻找全新的、更简单、更自由的生活的梦想离开了圣地亚哥。

在过去的十二个月里，我们已经放弃了一多半的财产，储蓄率超过了我们收入的 70%，离开了心爱的城市，奔向了一个新的城市。

这一年里充满了坎坎坷坷。从好的方面来看，我们的净资产已经超过 30 万美元。我们见到了一些 FIRE 英雄，拍了一部纪录片，结识了新的朋友，在厄瓜多尔旅游，与我们的家人一起度过了珍贵的时光。然而，我们也会想念在科罗纳多的朋友们。

有时，我们的新生活方式让我觉得自己像个怪人，连续几周睡在沙发和折叠床上，我们怀疑自己是不是犯了一生中最大的错误，甚至被拉回了唯物主义的陷阱。

上个月，我们的纪录片拍摄完毕。关机是一个苦乐参半的时刻，充满了慰藉和悲伤。纪录片拍了将近一年，我和泰勒都对摄像机感到厌倦了。

我们没有预料到拍摄纪录片会侵扰我们的生活。作为纪录片里的主角，有时我们要反省自己，如果不是拍纪录片，我们宁愿什么也不思什么也不想。但摄制组也变得像一家人一样，乔薇叫得出他们的名字，并深情地记得他们每一个人。

她告诉我们说："乔治给我沏了茶。"偶尔也会问："齐皮，我们能再去一次公园吗？"

在我们非正式的完工派对上，我们的摄影总监雷递给我一些咸肉包着的枣子，他笑着说："通常情况下，如果制片时间超过一年，我们都会害怕最后几次拍摄，我们总是希望拍摄快些结束。但这部影片的拍摄不同，我真想一直拍摄下去。我会留恋拍摄这部纪录片的日子。"

我环顾四周，把每个人的笑脸都深深地刻印在心里。这是一次家庭聚会，我们会非常想念我们的家人。

在我们撤销了对梦想之家的出价后，我和泰勒考虑搬到另一个城市去，但我们最终还是认为本德就是我们理想的居住地。

今年7月，我们搬进了用42万美元买的漂亮房子。现在我们明白，无论多么"梦寐以求的财产"都没有过上我们梦想中的生活更有价值。

我们的新家是一套面积不大的房子，面积一千五百平方英尺，有三间卧室。它坐落在繁忙的路口，没有后院，但它在我们的预算之内，步行可以到商店和咖啡馆，有一个车库用以存放我们的自行车和户外装备。

FIRE 要求我们做出让步并牢记最终目标。FIRE 会问这次购买与我的独立一样重要吗？如果不是，则取消购买。

自从我们在本德定居后，我们一直在结识新的朋友。乔薇已经开始上幼儿园了。我们已经适应了只有一辆汽车的生活方式。我们甚至设法存了足够的钱把我们达到 FIRE 的日期又缩短了一年。

在 FIRE 的道路上，我们已经走了多远呢？让我们回顾一下原来的情况以及我们现在所处的位置。

在科罗纳多，我和泰勒的税后年收入合计为 14.2 万美元，年平均生活费用约为 12 万美元。

退休时间：34.3 年后

年储蓄率 16%

年支出 120 000 美元

年储蓄 22 000 美元

月支出 10 000 美元

月储蓄 1833 美元

如果我们什么都没有改变，那就要等到我七十二岁，泰勒七十一岁时，才能实现财务自由。那时，乔薇应该四十二岁，她可能已经有她自己的孩子了。

以下是我们目前在本德的生活方式带来的变化。

退休时间：10 年后

年储蓄率 58%

年支出 60 000 美元

年储蓄 82 000 美元

月支出 5000 美元

月储蓄 6833 美元

我们离财务自由又近了一年。

我和泰勒的收入水平一直很稳定，以我们目前的储蓄率计算，实现财务自由时，我四十四岁，泰勒四十三岁，乔薇将年满十三岁。

如果我们保持这样的生活方式，在不远的将来，我们就可以退休了。这是一个触手可及的目标。这让我们感到欢欣鼓舞，激发我们以最大的努力去挖掘收入潜力。

现在，我们做得越好，越能尽快得心应手，财务自由就离我们越来越近，我几乎可以品尝到它的滋味了。

布拉德·巴雷特曾对我说："每天早晨，我把孩子送到公交车站，每天下午，当他们下车的时候，我在那里等候他们。每天晚上，我和他们一起做作业，我意识到我真的很幸运！这也意味着我一直在学校做志愿者。"

我知道我有多幸运，大多数生活在郊区的中产阶级爸爸每周要工作四十到五十多个小时，还要外加通勤时间。我的通勤路线就是去公共汽车站。沿着这条路走一百步，这就是我们每天早上要做的。我会给妻子和女儿一个大大的拥抱，挥手向她们告别，每天早上都是如此。我迫不及待地想和乔薇共度更多的闲暇时光，新获得的经济缓冲能力减轻了我们的压力，让我和泰勒能够更多地陪伴我们的女儿。

当我们发现 FIRE 时，我们的净资产约为 19 万美元。从那以后，我们的投资和净资产都在增长。

我们设法积攒了大约 6 万美元的现金，这跟我们最初制订的为期一年的自驾游预算的数字一样。这使我们有了我们爱巢的首付款，我们打算在这座房子里至少住十年。支付了首付款之后，我们手头的钱还足以让我们高枕无忧。

看来，我们越关注所看重的东西，我们花钱就越少，所以我们的存款一个月比一个月多。这种自由对我们来说是全新的，我们向大家极力推荐它。

此外，在我们最初的计划列表上，本德无疑是最昂贵的城市。

我们觉得，为本德提供的生活方式多花点钱是明智的，这就意味着必须削减其他方面的支出。

当然，我们差点失去理智，买了超出我们预算的房子，但我们及时醒悟，耐心等待合适的房子出现。

现在我们每月支付 2400 美元的按揭贷款，这几乎跟我们原来预算的一样。总而言之，为了将我们的年度预算控制在 5 万到 6 万美元之间，我用了估算精度较高的退休计算器。

我们的支出可能不到 6 万美元，但即使超出 6 万美元，我们的储蓄率仍然能够达到 58%。我飘飘然了！想想过去，看看现在，我无法表达那种浸润全身的自由感。FIRE 的力量真大！

我们已经开始规划财务自由后的生活。泰勒想在意大利生活几个月，学习弹钢琴，并到当地的养老院做志愿者。我想把精力集中在环保事业上，并创办一个播客以便我爸爸和他的朋友们讲述他们在特种部队的经历。说不定我还会创办一个 FIRE 播客呢！我们还列出了我们想去旅游的所有地方和想拜访的所有新结识的 FIRE 朋友。正如著名博主宝拉告诉我的那样，那些实现财务自由的人通常都很有野心。即使他们实现财务自由，也不会停止工作。你有了自由支配的时间，你就可以做更有意义的事情，如创作一张音乐专辑、学习一门外语或在家辅导孩子。

　　实现财务自由的人会做各种非常有创意的项目。我认为，当你可以从事创新类型的工作并且不用担心支付月复一月的账单的时候，那么，你真的可以做更重要的事情了。

　　意想不到的是，我们的许多家庭成员和朋友也已经开始认可 FIRE 了。例如，查基重新规划了他的财务，计划尽快还清那艘新船的贷款，退休日期提前了十到十五年。

　　最近，他问我有关国际指数基金的选择问题。我们与好友们分享了我们的 FIRE 故事，他们中的许多人已经加入了我们的财务自由之旅，就连我的父母在投资和支出时也变得更加理性了。正如布拉德和乔纳森喜欢说的那样，"FIRE 正在蔓延"。

从很多方面来讲，我们的故事并不特殊，我和泰勒是相当普通的中产阶级夫妇。我们都在舒适的环境中长大，都有一定的野心并期望我们的生活里充满"合理的"奢侈和冒险。

在很大程度上，这是事实。我们没有想到的是，为了得到这些奢侈和冒险，我们所付出的代价。日复一日的付出是如何阻碍了我们真正享受生活？我们是否有时间和自由过上理想中的生活？这不仅仅让我们的幸福成了空中楼阁，继续过那种充满压力和过度消费的生活，会使我们没有时间和精力专注于抚养女儿和我们所关心的事业。因此，我们决定做出改变，我们突然来了个一百八十度大转弯，彻底改变了生活方式。

在很大程度上，我们认真遵循了 FIRE 的理念。我们找到了更便宜的房子，我们处理掉了租赁的汽车，用现金买了一辆更便宜的车。一般情况下，我们都是在家吃饭。我们减少了奢侈品消费，如昂贵的葡萄酒、健身房会员资格、水疗预约和为他人购买昂贵的礼物。

我们家门口不再有源源不断的快递纸箱子。我见过成千上万的 FIRE 追求者，他们都有相似的故事并做出了相似的人生选择。他们与我们的主要区别在于，我们开始了为期一年的自驾游，并在此期间写了一本书，拍了一部纪录片。

如果你已经走上了财务自由之路，你肯定有你自己的故事。对你来说，践行 FIRE 可能更容易抑或更艰难，但要知道践行 FIRE 的不是你一个人。

我写这本书的目的并不是要把我们的家庭描述成如何实现 FIRE 的模型，或者夸耀我们有什么"特殊"之处。不是的！其他人可能比我们节俭得多。

事实上，我的目的正好相反。展示一个相当典型的 FIRE 之旅，其中有焦虑、分歧、协商和错误，诸如此类的问题，其他人也会遇到，甚至会对此感到恐惧。

我要你明白的是，任何一个自食其力的人都可以获得财务自由。无论你是谷歌的高级副总裁，还是当地咖啡店的咖啡师，无论你是住在高生活成本的城市，还是住在低生活成本的乡村。你无须搬到国家的另一边，也无须辞掉工作才能实现 FIRE。你无须做任何你不想做的事！

你只需让你的目标与你的消费方式保持一致。FIRE 很简单，当然有时不那么轻松，我希望本书能够作为你也可以践行 FIRE 的证据。

进入 FIRE 社区是我一生中最有价值的经历之一。这是艰难而神奇的一年。即使现在回想起最困难的时候，我也很庆幸有机会改变我的人生轨迹，踏上了 FIRE 之旅。

今天，我在想，如果我们从未离开过科罗纳多，如果我从来没听说过钱胡子先生，如果我不能说服泰勒加入我的冒险之旅。我现在会在哪里呢？可能过着刻板乏味的生活，被经济负担压得喘不过气来吧。

这趟旅程与钱有关，但远不止于此，更重要的是在工作之外找到意义。把钱当作工具，我喜欢把 FIRE 想象成一种回归模型①，在日常生活中利用其理念。这就是 FIRE 的迷人之处。一旦你陷入那种奢侈的、消费主义的生活，你不可能心安理得、无动于衷。事实上，你会发现这种奢侈无处不在：法定假日聚会，路边的购车融资广告牌，一辆接一辆的通勤车，路边新建的巨无霸豪宅，每个星期天晚上都会出现的忧郁气氛。

同样，一旦你真正品尝了自由生活的滋味，没了时间表、薪水或职业阶梯②的限制，你也不可能对其视而不见。一旦你问自己最重要的问题：我想用我的时间做什么？什么让我最快乐？你不可能忽视这些答案。

我希望你能考虑将 FIRE 理念应用于你自己的生活，并感

① 回归模型，在 1996 年首次提出，全称是最小绝对收缩和选择操作。该方法是一种压缩估计。它通过构造一个惩罚函数得到一个较为精练的模型，使得它压缩一些回归系数，即强制系数绝对值之和小于某个固定值，同时设定一些回归系数为零。该模型因此保留了子集收缩的优点，是一种处理具有复共线性数据的有偏估计。
② 职业阶梯是指决定组织内部人员晋升的不同条件、方式和程序的政策组合。职业阶梯可以显示出晋升机会的多少，如何去争取，从而为那些渴望获得内部晋升的员工指明努力方向，提供平等竞争的机制。

到有必要与这个令人惊叹的社区取得联系。我们正在以不同的路径把 FIRE 推向世界各地，但我们都在问自己一个同样的重大而严肃的、能够改变人生的问题：在财务自由的道路上我会走多远？

第十四章

实现 FIRE 的七个步骤

当我遇到一个刚刚听说 FIRE 并急于身体力行的人时，他通常会问我："我首先要做什么？"

柯林斯的宣言对 FIRE 做了简单的总结：多赚钱，少花钱，把盈余用于投资，避免负债。我们中的一些人更喜欢遵循渐进的原则。

在采访了 FIRE 社区的数百个参与者以后，我整理出了大多数人通常会采用的步骤表。当然，这只是一个指南而已，希望大家取其精华，并对不足之处加以改进。

第一步: 计算你有多少钱

　　确定你的净资产。这个操作过程可能很痛苦，但它是绝对重要的。你的净资产包括你所有的资产（现金、银行账户、退休基金、投资和不动产），再减去你所有的负债（助学贷款、消费债务、汽车贷款、按揭贷款等）。

第二步: 算出你花了多少钱，存了多少钱

　　你的钱花在了什么地方？大多数人看到日常开支花了那么多钱都会很震惊，如食物和汽油。我也会大吃一惊，但只有知道我的钱都花在了什么地方，我才能知道要如何改变我的消费习惯。

　　关键是追踪，是的，对每一美元的去向都要追踪。你可以在纸上写下来，也可以使用网上跟踪器。

　　你需要有预算。追踪的目的只是为了确保你的消费行为从始至终是一致的，追踪至少九十天，以确保你能准确地把握趋势。

　　同时，尝试使用退休计算器。输入当前数据，然后创建一个你认为有可能实现的或值得为之努力的模拟预算，看着那些强制性工作的年份慢慢消失！在我和泰勒刚开始践行 FIRE

的时候，这种方法被证明是一个非常有效的激励机制。

第三步: 减少日常开支

快速提高存款率最简单的方法就是从削减零碎开支做起。

有线电视账单、保洁服务费、日常咖啡采购费、电话费、互联网服务费、葡萄酒俱乐部会员费、健身房会员费……所有这些费用加起来就占去了你每月消费金额的很大一部分。记住，这不是剥夺你所看重的东西，而是做出与你的价值观一致的选择。

写出每周让你开心的十件事清单。如果你是一名网购者，把网购的东西放在你的购物车里三天。如果三天后，你仍然认为自己需要那些东西再买不迟。在过去的一年间，这种方法已经帮我和泰勒节省了数千美元，尤其是在我们搬家的时候。

第四步: 减少三大开支——住房、交通、食品

为了真正提高你的存款率，你要应对一些较大的变化，如找一位室友、住更小的房子、买一辆二手车、乘公交车上班、在家做饭等。这些方法可以使你的储蓄率提高 30%，甚至更多。

你可以先从小事做起，但是"一步到位"的效果会更好。这样，你就不会拖延了。

这一步有些吓人，你需要做出最大的改变。正因如此，我们希望等你的经济状况好转时，再实行这一步骤。这一步也是最令人兴奋的，这是你重组你的生活来适应新目标的机会！

第五步：让你的储蓄为你效力

钱存在银行账户里的每一分钟，你都错过了让它为你效力的机会。无论你是在偿还高息债务，还是在投资指数基金，抑或购买房地产，你的钱应该得到最大的回报。

第六步：增加收入

许多 FIRE 博主和我们一样分享他们的经历，他们想办法从广告上赚取额外收入，而额外收入等于更快地实现 FIRE。

虽然赚更多的钱并不是必需的，但践行 FIRE 的大多数人在没有削减开支的余地时，最终都专注于增加他们的收入以此来提高储蓄率。增加收入的渠道可能是传统的工作、兼职创业或者打零工赚外快。

第七步: 找一个 FIRE 社区

如果没有人与你共度时光,那么,找回你的时间又有什么意义呢?生活在有相似价值观的人群中间对坚持下去至关重要(尤其是当事情变得棘手的时候)。查看节俭论坛和钱胡子先生的社区。至于现实中的集会,FIRE 小组几乎遍布世界上的每个地区。

致　谢

当我反思从这次经历中得到教训时，有句话一直排在最前面：多付出，少索取。

我早就知道，没有别人的帮助，我写不完书，也拍不了纪录片，更不可能举家迁往另一个州。

我妻子的直觉告诉她，实现个人愿望是一场危险的游戏。她觉得自从发现 FIRE 以后，我们的生活更好了。她向我保证，无论践行 FIRE 的结果如何，即使不能修成正果，她对我的爱也会有增无减。

毕竟，我们还可以重新开始工作。另外，FIRE 社区的人大都为人慷慨，无数记录实践、策略和技巧的博客就是例证。所以，我们关注的不仅仅是该项目对我们的帮助，我也一直在寻找帮助他人的方式。

寻找共生关系时，我们把重点放在帮助他人上，就像我们得到他人的帮助一样。然而，事实证明，这是不可能的。我永远也不可能给那些为该项目做出贡献的人足够的回报。我永远感激那些自始至终支持我们的人。我生命中遇见的良师益友，还有 FIRE 社区的人们。

乔薇，我们所做的一切都是为了你呀！我希望你能吸取我们分享的经验，享受最好的生活。我永远爱你。对美丽、优雅、慈爱的妻子泰勒，我要说："你从一开始就支持我的疯狂想法，谢谢你和我同舟共济，你是这个世界上我最亲密的合作伙伴，我爱你。"

莱拉和汤姆·里肯斯，你们培养了我的创造力，让我彰显自己，你们永恒不变的爱一直是我心灵的归宿。谢谢你们为我设定了这么高的标准。我爱你们！

珍·斯科特，感谢你一直以来的理解，你是一家之主，我最好的岳母和顾问。加里·斯科特，我只希望自己能符合你为你女儿树立的榜样的形象，谢谢你总是给我们信心，你的鼓励让我们勇敢无畏，阔步向前。

玛茜、查尔斯、马欣和埃拉·格伦，谢谢你们长期以来的支持，正是这样的支持才使我们得以实现这一百八十度的大转弯。

艾玛·派蒂，你的天赋是无限的。我永远感谢你接受这份工作。你把工作做得趣味盎然，我很幸运能与你成为朋友。

马特·布兰德，是你引导该项目的进程，教导我志存高远。

雷·曾和"就在今天"摄制组全体人员，在这次旅程中，你们一直是最慷慨的合作者，是你们教会了我把目标放在首位。你们还举行了丰盛的烧烤大会。

布拉德·巴雷特和乔纳森·门多萨，你们从一开始就支持我，没有你们一贯的信任、热情和支持，该项目不可能会成功。我的朋友们，FIRE 正在蔓延。

杰森·加德纳和新世界图书馆的每一个人，谢谢你们相信我并且见证了图书的出版。

接下来要感谢的人是特拉维斯·莎士比亚，谢谢你总能消除我们之间的隔阂。你帮助我们处理好我们的故事的同时，也预见了前方的障碍。我很幸运能与你一起踏上这段旅程。

皮特·阿登尼，谢谢你在紧急关头对我的当头棒喝。

布兰登·甘奇，我知道你惜时如金，但我竟然占用了你那么多时间，我很乐意用一生的时间来报答你。

薇姬·罗宾，我永远不会忘记在怀德贝岛上的那完美的一天，是你唤醒了我们，谢谢你那次让我受益终生的谈话。我向你保证，我们不会就此打住。

罗德里戈·卡尔德隆，在我最需要你的时候，你出现了，只有你能将这一愿景付诸实践。朋友，你既体贴又谦虚。

马可·科雷亚，谢谢你总会挺身而出。你是最棒的，我的朋友，我期待着你飞黄腾达的那一天。

莱托·柯林斯，谢谢你写了一本关于投资的好书，感谢身为师父的你对我这个徒弟的支持，也感谢你爽朗的笑声。你所做的一切都是一流的。

马特·林基和光明财富团队，谢谢你们的支持和指导。你们在各个方面都体现了专业精神。

斯蒂芬·贝里教授，谢谢你对我的信任和关照。你教会了我支持他人。

最后，我要感谢我所有的家人和来自贝尔维尤的朋友们，还有爱荷华州的同胞们。作为鹰眼人①，我感到很幸运、很自豪。展翅高飞吧，雄鹰！

---

① 鹰眼人是爱荷华州人的别称。

图书在版编目（CIP）数据

FIRE：通往财务自由之路 /（美）斯科特·里肯斯
著；侯永山译 . -- 成都：四川文艺出版社，2024.1
ISBN 978-7-5411-5537-6

Ⅰ. ① F… Ⅱ . ①斯… ②侯… Ⅲ . ①财务管理 – 通俗
读物 Ⅳ . ① TS976.15-49

中国国家版本馆 CIP 数据核字 (2023) 第 208635 号

著作权合同登记号 图进字：21-2019-550

FIRE：TONGWANG CAIWU ZIYOU ZHILU
FIRE：通往财务自由之路

[美]斯科特·里肯斯 著

侯永山 译

出 品 人　　谭清洁
出版统筹　　刘运东
特约监制　　王兰颖　李瑞玲
责任编辑　　陈雪媛
选题策划　　王兰颖
特约编辑　　房晓晨
营销统筹　　张　静　田厚今
封面设计　　YooRich–Linnk
责任校对　　段　敏

出版发行　　四川文艺出版社（成都市锦江区三色路238号）
网　　址　　www.scwys.com
电　　话　　010-85526620

印　　刷　　北京永顺兴望印刷厂
成品尺寸　　145mm×210mm　　　　开　　本　　32开
印　　张　　7　　　　　　　　　　字　　数　　130千字
版　　次　　2024年1月第一版　　　印　　次　　2024年1月第一次印刷
书　　号　　ISBN 978-7-5411-5537-6
定　　价　　39.80元